江西鄱阳湖国家级自然保护区
藻类图集

江西鄱阳湖国家级自然保护区管理局　编

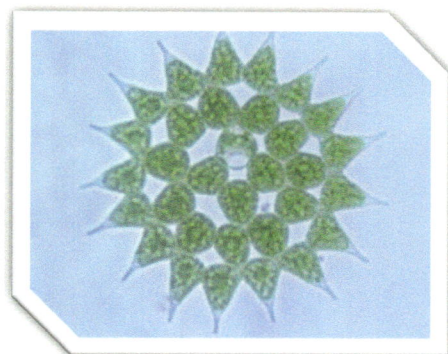

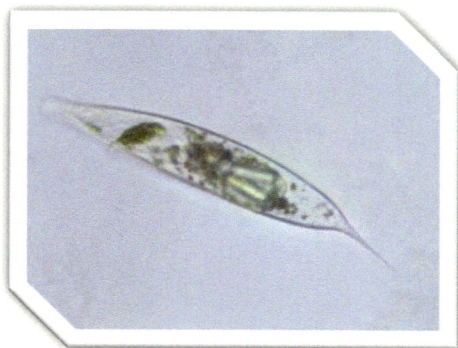

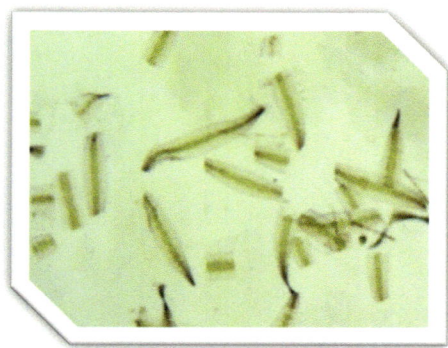

科学出版社

北京

内 容 简 介

《江西鄱阳湖国家级自然保护区藻类图集》收集了鄱阳湖国家级自然保护区藻类 57 属 89 种，其中绿藻门 29 属 46 种、硅藻门 13 属 18 种、蓝藻门 8 属 11 种、金藻门 1 属 1 种、甲藻门 2 属 2 种、裸藻门 3 属 10 种、隐藻门 1 属 1 种。绿藻是保护区藻类的主要类群，占总种数的 50% 以上。本书记录了各藻类的中文名、拉丁名及形态特征等信息，并附有展示其鉴别特征的光学显微镜照片，共计 229 张照片。

本书可供从事保护区生态保护研究的专家学者参考，也可供生态学、植物学、藻类学、环境工程等有关教学人员参考。

图书在版编目（CIP）数据

江西鄱阳湖国家级自然保护区藻类图集／江西鄱阳湖国家级自然保护区管理局编 . — 北京：科学出版社，2025. 6. — ISBN 978-7-03-081186-8

Ⅰ . Q949.2-64

中国国家版本馆CIP数据核字第2025UZ3834号

责任编辑：马　俊　白　雪／责任校对：郑金红
责任印制：肖　兴／封面设计：无极书装

科 学 出 版 社 出版

北京东黄城根北街 16 号
邮政编码：100717
http://www.sciencep.com
北京建宏印刷有限公司印刷

科学出版社发行　各地新华书店经销

*

2025年6月第 一 版　开本：787×1092　1/16
2025年6月第一次印刷　印张：7
字数：166 000

定价：150.00元

（如有印装质量问题，我社负责调换）

编　委　会

主　　编　徐志文　陈明华

副 主 编　龚磊强　詹慧英　罗　浩　刘　恋　余定坤
　　　　　　黄锦波　何建成

编写人员　李志文　陈彦良　黄　莎　梅　勇　张宗华
　　　　　　廖宝雄　唐超群　祁红艳　孙　越　杨爱玉
　　　　　　陈　芬

前　言

在浩瀚的自然界中，湖泊作为地球上最为珍贵的淡水资源的载体之一，不仅承载着丰富的生物多样性，也是众多生态过程的重要载体。鄱阳湖，地处长江中下游南岸、江西省北部，作为中国最大的淡水湖，以其独特的地理位置和丰富的自然资源，成为众多生物繁衍栖息的乐园，也是我国生态环境保护的重要区域。

江西鄱阳湖国家级自然保护区（以下简称鄱阳湖保护区）地跨九江市的永修县、庐山市和南昌市的新建区，地理坐标为北纬 29°02′ ～ 29°19′、东经 115°54′ ～ 116°12′，位于江西省北部、鄱阳湖的西北角。鄱阳湖保护区的辖区包括大汊湖（85km²）、蚌湖（73km²）、大湖池（30km²）、沙湖（14km²）、常湖池（7km²）、中湖池（6km²）、象湖（4km²）、梅西湖（3km²）和朱市湖（2km²）9 个子湖泊。

"江西鄱阳湖国家级自然保护区管理局浮游生物监测"是南昌大学循环经济产业丰城研究院（以下简称研究院）与江西鄱阳湖国家级自然保护区管理局在藻类全产业链上的合作项目。研究院成立于 2022 年 1 月，是专门从事技术转移、科技成果转化及人才交流等的高科技服务机构；研究院的核心特色是将实验室建在"产业链、技术链、创新链"上，通过三链结合促进全产业链科技成果转化。

本书的出版是项目科技成果转化的工作之一，其旨在全面、系统地记录和展示鄱阳湖保护区内主要藻类的形态特征。项目调查分析显示，鄱阳湖浮游植物种类数显著降低，从319 种减少至 97 种，降幅达 69.59%；保护区记录到藻类有 57 属 89 种，其中绿藻门 29 属 46 种、硅藻门 13 属 18 种、蓝藻门 8 属 11 种、金藻门 1 属 1 种、甲藻门 2 属 2 种、裸藻门 3 属 10 种、隐藻门 1 属 1 种。藻类作为水生生态系统中的初级生产者，对维持水体生态平衡、促进物质循环和能量流动具有不可替代的作用。因此，对鄱阳湖藻类资源的深入研究，不仅有助于更好地了解该区域的生态系统结构和功能，也为其保护和管理提供科学依据。

本书汇集了研究院近年来在鄱阳湖保护区藻类研究方面的最新成果，通过图文并茂的形式，生动展现了绿藻门、硅藻门、蓝藻门、金藻门、甲藻门、裸藻门和隐藻门等主要藻类门类的形态特征。同时，还参考了大量文献资料，力求做到内容准确和数据可靠。本书根据藻类形态学，按门、纲、目、科、属、种分类等级排列。种的描述以形态特征为主，并附其简要生境，每种均附有图片。

　　胡鸿钧、魏印心编著的《中国淡水藻类——系统、分类及生态》（科学出版社，2006）等著作，以其深入浅出的论述和详尽的藻类图，为我们提供了丰富的藻类生物学知识，其对藻类精确的描述，为本书藻类鉴定提供了大量精准信息。本书大量引用了胡鸿钧先生与魏印心先生图书中的描述性文字，这些文字不仅帮助我们更精确地定义了研究对象，还极大地丰富了本书的内容，使其更具科学性和可读性。

　　在编写过程中，我们深刻地感受到鄱阳湖保护区藻类资源的多样性，也意识到保护这一资源的重要性和紧迫性。随着人类活动的不断加剧和自然环境的变化，鄱阳湖保护区生态系统正面临着前所未有的挑战。因此，我们希望本书的出版能够唤起更多人对鄱阳湖保护区生态环境保护的关注和重视，共同守护这片美丽的湖泊。

　　最后，我们要向所有为本书编纂付出辛勤努力的专家学者和工作人员致以诚挚的谢意。正是他们的智慧和汗水，才使得本书得以顺利问世。特别感谢鄱阳湖环境与资源利用教育部重点实验室、江西鄱阳湖湿地生态系统国家定位观测研究站、南昌大学生命科学学院等单位在实验条件方面给予的大力支持，我们尤其要感谢南昌大学陈明华博士，他不仅将其12年来在鄱阳湖藻类研究领域的丰硕成果倾囊相授，更独立承担了本书逾5万字核心内容的撰写工作。我们期待本书能为相关领域的研究人员、教育工作者及广大公众提供有益的参考，共同推动鄱阳湖保护区生态环境保护事业的发展。

　　国内外的藻类学文献浩如烟海，疏漏之处在所难免，祈望读者不吝指正。

编　者

2024 年 12 月

目　录

概　述

春

夏

秋

冬

1 鄱阳湖保护区概况

（1）地理位置、水文气象及自然资源

江西鄱阳湖国家级自然保护区地跨九江市的永修县、庐山市和南昌市的新建区，地理坐标为北纬29°02′～29°19′、东经115°54′～116°12′，位于江西省北部、鄱阳湖的西北角。鄱阳湖保护区的辖区包括大汊湖（85km²）、蚌湖（73km²）、大湖池（30km²）、沙湖（14km²）、常湖池（7km²）、中湖池（6km²）、象湖（4km²）、梅西湖（3km²）和朱市湖（2km²）9个子湖泊。

鄱阳湖保护区处于赣江西支与修河尾闾交汇区域，水文特征受赣江西支、修河及鄱阳湖水情的三重影响。赣江西支和修河来水流经鄱阳湖保护区后，汇入鄱阳湖北部。鄱阳湖保护区内的子湖与鄱阳湖主湖分离后，水体基本呈现静态湖泊特征。

鄱阳湖保护区内植物多样性高，植被类型非常丰富且生物量极大，具有南北交汇、东西相融、多种类共生的特点。植物群落可分为沙丘阶地植物群落、红壤阶地植物群落、洲滩潜育沼泽植物群落、河漫滩植物群落和水生植物群落5种类型。鄱阳湖保护区蕴藏着大量的动植物资源，生物多样性丰富，据资料统计，共有高等植物602种（含变种）、哺乳类31种、鸟类391种、两栖类13种、爬行类49种、鱼类122种、浮游动物234种、底栖动物47种、昆虫226种，以及浮游植物89种。

（2）鄱阳湖保护区机构设置

1983年6月，江西省人民政府正式批准建立江西省鄱阳湖候鸟保护区。1988年，经国务院批准，其晋升为国家级自然保护区。主要保护对象为鄱阳湖内陆湿地生态系统和白鹤等珍稀鸟类及其他越冬候鸟。鄱阳湖保护区在行政上隶属江西省林业局，成立初期编制为40人。2020年12月，根据江西省林业局事业单位改革的批复方案，鄱阳湖保护区增挂江西鄱阳湖水生动物保护区管理中心牌子，增加鄱阳湖长江江豚、鄱阳湖银鱼产卵场、鄱阳湖鲤鲫鱼产卵场3个省级水生动物自然保护区的监管职责，目前编制为135人。管理局现设有办公室、科研管理科、资源管护科、人事科、财务科、项目管理科、宣传教育科和社区事务科等8个职能科室，大湖池、沙湖、大汊湖、吴城4个保护管理站，以及进贤、余干、鄱阳、都昌、湖口、九江市辖区、万年7个保护监测站。

（3）鄱阳湖保护区管理

鄱阳湖保护区依托自身的优势资源，不断与科研机构开展科研合作，逐步培养形成了一支具有一定水平的科研队伍。已初步形成常规化的科研监测体系，对鄱阳湖保护区内的水文、气象、植被、鸟类、浮游动物等环境因子与生物资源开展了有效的定期监测。鄱阳

湖保护区坚持每日野外巡查，建立巡护月汇报机制，定期开展资源管理工作检查。同时还与当地政府、有关部门及相关社区建立了社区共管委员会和联合保护委员会。鄱阳湖保护区是全国首批禽流感疫源疫病国家级监测站之一，成立了禽流感防控领导小组，组织禽流感监测与防控培训，开展疫源疫病监测与防控工作。

鄱阳湖保护区具有独特的地理位置和丰富的生物多样性，一直受到高等院校、科研机构和国内外专家学者的密切关注。其分别与武汉大学、北京林业大学、南昌大学、江西师范大学、江西农业大学等高等院校合作建立了鄱阳湖教学科研实习基地。鄱阳湖保护区还与江西师范大学、中国科学院动物研究所、中国科学院计算机网络信息中心等先后进行了越冬候鸟数量监测、罗纹鸭种群调查研究和迁徙水鸟网络地点信息交流管理数据库开发。此外，鄱阳湖保护区与国际鹤类基金会合作开展了四湖水鸟定期监测、四湖苦草及冬芽监测、四湖水位监测、赣江和修河水位监测、鄱阳湖气象监测等研究。

鄱阳湖保护区是对公众进行自然环境保护教育的理想场所，自成立以来开展了大量的科普宣传教育工作，是江西省科普教育基地，连续多年在保护区举办了中小学生科普冬（夏）令营活动。

1992年，鄱阳湖保护区被林业部和世界自然基金会列为具有全球意义的 A 级自然保护优先领域；同年 7 月被指定为国际重要湿地，是我国首批 6 个国际重要湿地之一。

1993年，鄱阳湖保护区在世界自然基金会的资助下，编制了第一部总体规划。

1994年，鄱阳湖保护区在国家环境保护委员会批准的《中国生物多样性保护行动计划》中被确定为最优先的生物多样性保护地区。

1997年，鄱阳湖保护区被林业部指名加入东北亚鹤类保护网络。

2000年，在全球环境基金的资助下，编制了保护区管理计划，这是我国制定最早的自然保护区总体规划和管理计划之一。

2002年，鄱阳湖保护区加入中国生物圈保护区网络。

2003年，江西省第十届人民代表大会常务委员会第六次会议通过了《江西省鄱阳湖湿地保护条例》，在国家、地方有关自然保护区法律法规的基础上，完善了鄱阳湖保护区的内部管理制度。

2004年，鄱阳湖保护区被中共江西省委宣传部、江西省科学技术厅、江西省教育厅、江西省科学技术协会等单位命名为"江西省青少年科普教育基地"。

2006年，鄱阳湖保护区被国家环境保护总局和国家林业局授予"全国自然保护区示范单位"称号，并加入东亚 - 澳大利西亚鸻鹬鸟类保护网络。同年，鄱阳湖保护区被中共省委宣传部、省旅游局、省建设厅和江西日报四家单位评为"江西十大美景"，并在第十一届世界生命湖泊大会上被全球自然基金授予"最佳保护实践奖"称号。

2007年，鄱阳湖保护区加入长江中下游湿地保护网络。

2008年，荣获"斯巴鲁生态保护奖"先进集体奖。

2009年，鄱阳湖保护区被国家林业局、教育部、共青团中央授予"国家生态文明教育基地"称号。

2010 年，鄱阳湖保护区荣获"全国野生动物保护科普教育基地"称号；被国家林业局湿地保护管理中心、世界自然基金会评为"长江湿地保护与管理先进集体"。

2011 年，鄱阳湖保护区被世界休闲湖泊联盟命名为"世界休闲湖泊"，并被人民日报等媒体评为"中国最美湿地"。

2012 年，鄱阳湖保护区入选世界七大濒危野生动物栖息地奇观；同年，东亚 - 澳大利西亚迁飞区伙伴关系协定秘书处组织专家以水鸟种类和数量为基础，对迁飞区内的 1030 块湿地打分，鄱阳湖对迁徙路线的贡献值为 1056 分，位于第一，远超第二名贡献值 379 分。

2014 年，国家启动湿地生态效益补偿试点，鄱阳湖保护区被列入全国首批试点范围。

2019 年，鄱阳湖保护区承办"2019 鄱阳湖国际观鸟周"公众自然教育、救护候鸟及其放飞和嘉宾观鸟等活动，保护区的保护管理工作获得众多国内外高级官员、专家学者的关注与支持。世界野生生物基金会会长英国菲利普亲王、世界野生生物基金会丹麦分会会长丹麦亨里克亲王、国际鹤类基金会创始人乔治•阿其博和原主席吉姆•哈里斯等都曾到访鄱阳湖保护区，并对保护区良好的生态环境及富有成效的保护工作给予了高度的评价和极高的赞誉。

2023 年,鄱阳湖保护区被国家林业和草原局及科技部命名为首批"国家林草科普基地"。

2　鄱阳湖保护区浮游植物研究进展

本研究对鄱阳湖 1987 ～ 2017 年的调查数据进行比较分析发现，浮游植物种类数显著降低，从 319 种减少至 97 种，降幅达 69.59%。

鄱阳湖保护区共记录到藻类 57 属 89 种，其中绿藻门 29 属 46 种、硅藻门 13 属 18 种、蓝藻门 8 属 11 种、金藻门 1 属 1 种、甲藻门 2 属 2 种、裸藻门 3 属 10 种、隐藻门 1 属 1 种。

鄱阳湖浮游植物研究从第一次野外调查至今可被划分为 5 个阶段（表 1）：鄱阳湖浮游植物研究初始阶段（1985 年以前）、浮游植物群落定量调查阶段（1985 ～ 1999 年）、浮游植物群落模型阶段（1999 ～ 2005 年）、浮游植物群落分类体系 / 富营养化评价阶段（2005 ～ 2012 年）、浮游植物群落结构与湖泊管理政策制定结合阶段（2012 年至今）。相比鄱阳湖其他湿地植物群落研究，浮游植物群落生态学研究相对落后，主要始于 2012 年鄱阳湖第二次科学考察，2013 年后，鄱阳湖浮游植物生态学研究进入热点研究阶段。

表 1　鄱阳湖浮游植物研究阶段划分

时间	研究阶段	研究内容	研究方法	浮游植物生态学研究	门	属	种
1985 年以前	研究初始阶段	浮游植物种类	野外调查	采样方法简单，鄱阳湖第一次科学考察	/	/	/

续表

时间	研究阶段	研究内容	研究方法	浮游植物生态学研究	门	属	种
1985～1999 年	浮游植物群落定量调查阶段（10 篇文献）	浮游植物种类、丰度	野外调查、显微镜观察	采样方法不统一，尤其是浮游植物镜检种类相差较大，采样点分布不均，采样样品数较少	8	153	319
1999～2005 年	研究内容拓展至浮游植物群落模型阶段（6 篇文献）	开始微囊藻毒素的研究	野外调查、显微镜观察、酶联免疫吸附分析（ELISA）监测法	文献报道质量较高，开始对微囊藻毒素进行研究，首次英文报道鄱阳湖浮游植物	/	/	68～178
2005～2012 年	浮游植物群落分类体系／富营养化评价阶段（11 篇文献）	富营养化评价	营养状态指数法（TSI）评价	富营养化评价方法不统一	7	67	132
2012 年至今	浮游植物群落结构与湖泊管理政策制定结合阶段（16 篇文献）	浮游植物群落与湖泊管理研究	浮游植物模型决策研究	鄱阳湖第二次科学考察	6	53	97

绿藻门 Chlorophyta

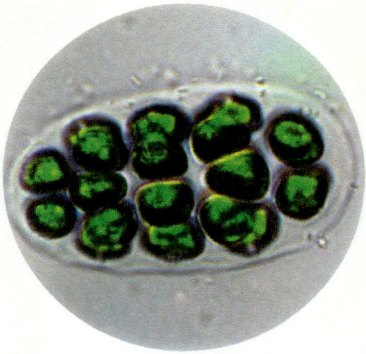

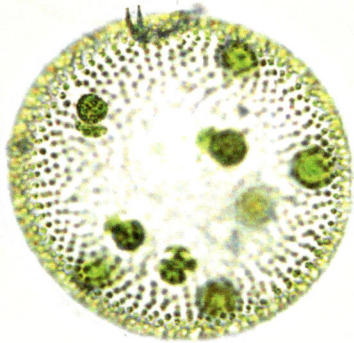

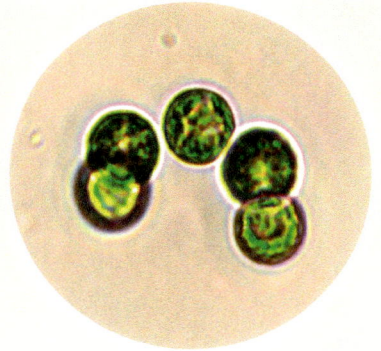

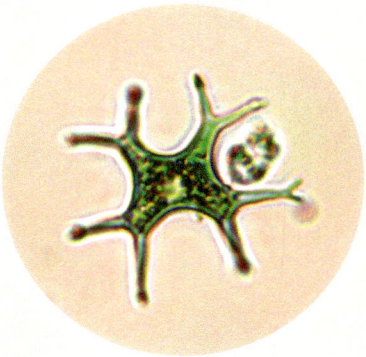

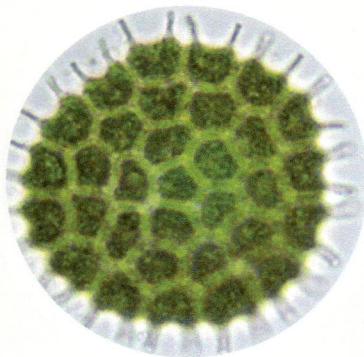

绿藻纲 Chlorophyceae

团藻目 Volvocales

团藻科 Volvocaceae

盘藻属 *Gonium* O. F. Müller

群体板状，方形，由 4 ～ 32 个细胞组成，排列在 1 个平面上，具胶被。群体细胞的个体胶被明显，彼此由胶被部分相连，呈网状，中央具 1 个大的空腔。群体细胞形态构造相同，球形、卵形或椭圆形，前端具 2 条等长的鞭毛，基部具 2 个伸缩泡。

常生长在浅水湖及池塘中，在有机质多的水体中能大量繁殖。

盘藻 *Gonium pectorale* O. F. Müller

群体绝大多数由 16 个细胞组成，少数由 4 个或 8 个细胞组成，排列在 1 个平面上，呈方形，板状；具 16 个细胞的群体，排成两层，外层 12 个细胞，其纵轴与群体平面平行，内层 4 个细胞，其纵轴与群体平面垂直。群体胶被内各细胞的个体胶被明显，彼此由很短的胶被突起相连接，细胞彼此不远离，群体中央具 1 个大的空腔，外层细胞和内层细胞之间具许多小的空腔。细胞宽，椭圆形至略倒卵形，前端具 2 条等长的鞭毛，基部具 2 个伸缩泡。色素体大，杯状，近基部具 1 个大的蛋白核。眼点位于细胞的近前端。群体直径 28 ～ 90μm；细胞宽 5 ～ 16μm，长 5 ～ 14μm。

沼泽、水沟和池塘中常见。

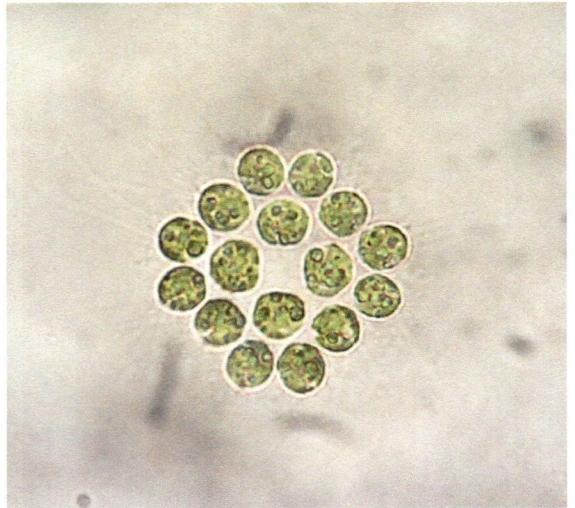

盘藻 *Gonium pectorale*

实球藻属 *Pandorina* Bory

定形群体具胶被，球形或短椭圆形，由 8 个、16 个或 32 个（常为 16 个）细胞，罕见 4 个细胞组成。群体细胞彼此紧贴，位于群体中心，细胞间常无空隙，或仅在群体的中心有小的空间。细胞球形、倒卵形或楔形。

常生长在有机质含量较多的浅水湖泊和鱼池中。

实球藻 *Pandorina morum* (Müll.) Bory

群体球形或椭圆形，由 4 个、8 个、16 个或 32 个细胞组成。群体胶被边缘狭；群体细胞互相紧贴在群体中心，常无空隙，仅在群体中心有小的空间。细胞倒卵形或楔形，前端钝圆，向群体外侧，后端渐狭。前端中央具 2 条等长的、约为体长 1 倍的鞭毛，基部具 2 个伸缩泡。色素体杯状，在基部具 1 个蛋白核。眼点位于细胞的近前端一侧。群体直径为 20 ～ 90μm；细胞直径为 7 ～ 17μm。

广泛分布于各种小水体中。

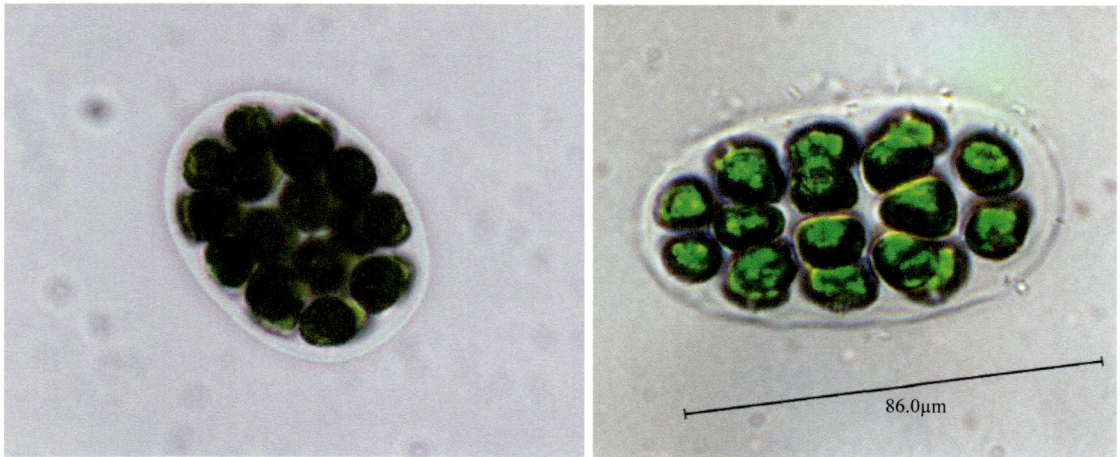

实球藻 *Pandorina morum*

团藻属 *Volvox* (Linné) Ehrenberg

定形群体具胶被，球形、卵形或椭圆形，由 512 个至数万个（50 000 个）细胞组成。群体细胞彼此分离，排列在无色的群体胶被周边，个体胶被彼此融合或不融合。成熟的群体细胞，分化成营养细胞和生殖细胞，群体细胞间具或不具细胞质连丝。成熟的群体，常包含若干个幼小的子群体。群体细胞球形、卵形、扁球形、多角形、楔形或星形。

常生长在有机质含量较多的浅水水体中，春季常大量繁殖。

美丽团藻 *Volvox aureus* Ehrenberg

群体球形或椭圆形，由 500 ～ 4000 个细胞组成。群体细胞彼此分离，排列在群体胶被周边。细胞彼此由极细的细胞质连丝连接，细胞胶被彼此融合。细胞卵形至椭圆形，前端中央具 2 条等长的鞭毛，基部具 2 个伸缩泡。色素体盘状，具 1 个蛋白核。眼点位于近细胞前端的一侧。群体多为雌雄异株，少数为雌雄同株，成熟群体具 9 ～ 21 个卵细胞，合子壁平滑。群体直径为 150 ～ 800μm；细胞直径为 4 ～ 9μm。

生长在小水洼、池塘等肥沃小水体中。

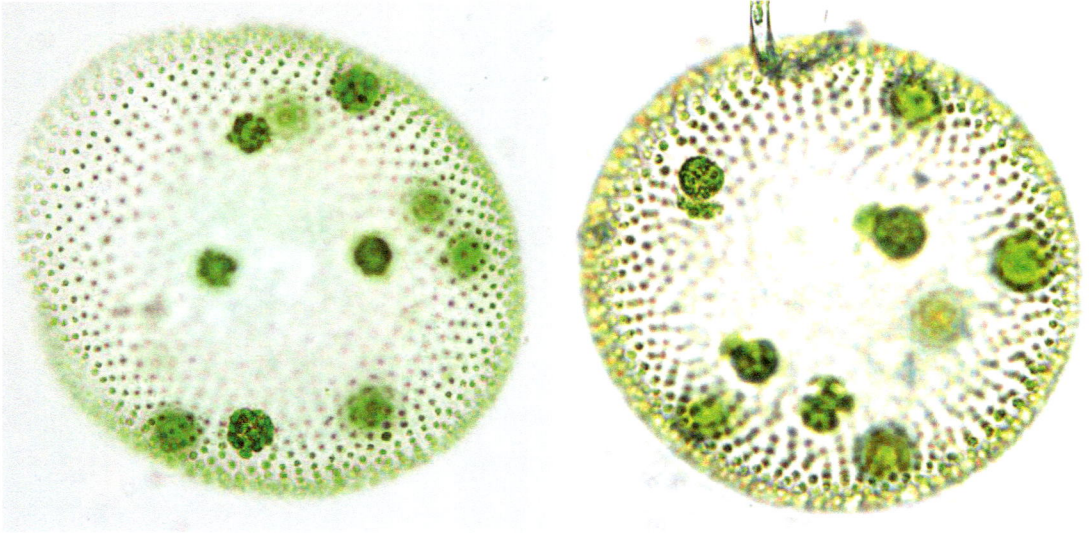

美丽团藻 *Volvox aureus*

绿球藻目 Chlorococcales

绿球藻科 Chlorococcaceae

多芒藻属 *Golenkinia* Chodat

植物体为单细胞，有时聚集成群，浮游；细胞球形，细胞壁表面具许多排列不规则的纤细短刺。

多生长于有机质较多的浅水湖泊、池塘中。

疏刺多芒藻 *Golenkinia paucispina* West & West

单细胞，细胞球形，具稀疏纤细的短刺；色素体杯状，1个，充满整个细胞，具1个明显的蛋白核。细胞直径 7～19μm；刺长 8～18μm。

生长在各种富营养的小水体中。普遍分布。

微茫藻属 *Micractinium* Fresenius

植物体由4个、8个、16个、32个或更多的细胞组成，排成四方形、角锥形或球形，细胞有规律地互相聚集，无胶被，有时形成复合群体；细胞多为球形或略扁平，细胞外侧的细胞

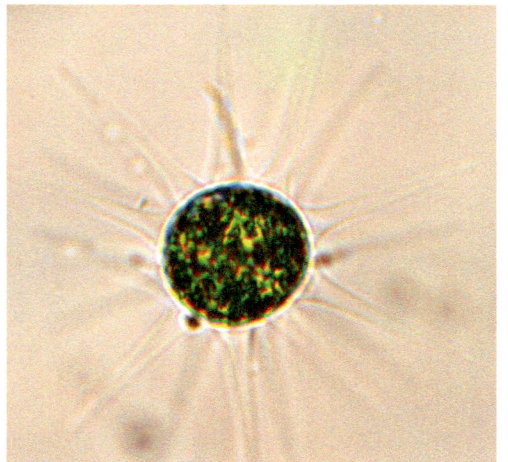

疏刺多芒藻 *Golenkinia paucispina*

壁具 1～10 条长粗刺；色素体周生，杯状。

生长在湖泊、水库、池塘等各种静止水体中。

微芒藻 *Micractinium pusillum* Fresenius

群体常由 4 个、8 个、16 个或 32 个细胞组成，有时可以多达 128 个细胞，多数每 4 个成为一组，排成四方形或角锥形，有时每 8 个细胞为一组，排成球形；细胞球形，细胞外侧具 2～5 条长粗刺，罕为 1 条；色素体杯状，1 个，具 1 个蛋白核。细胞直径 3～7μm，刺长 20～35μm，刺的基部宽约 1μm。

常生长在肥沃的小水体和浅水湖泊中。广泛分布。

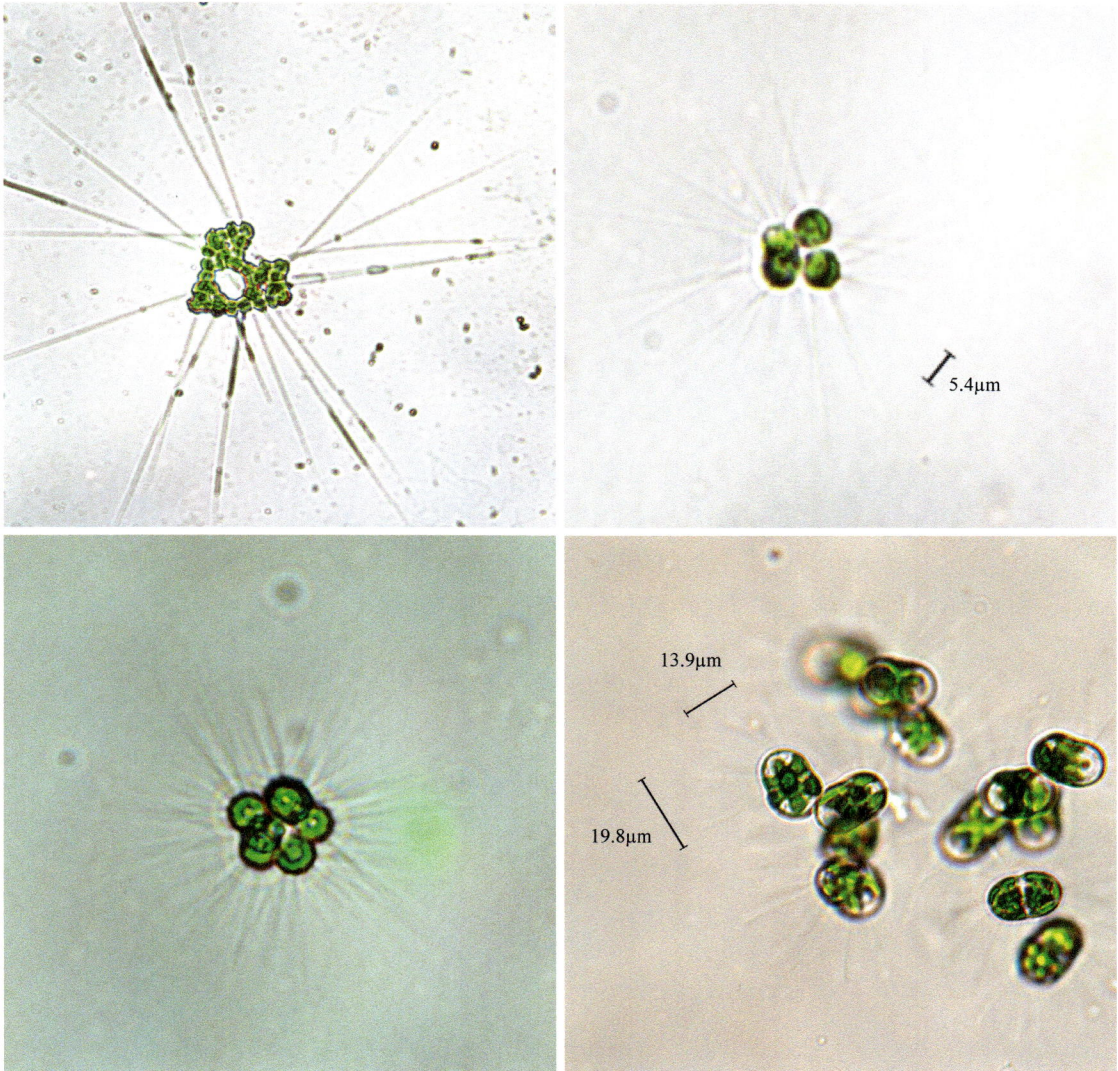

微芒藻 *Micractinium pusillum*

小桩藻科 Characiaceae

弓形藻属 *Schroederia* Lemmermann em. Korschikoff

植物体为单细胞，浮游；细胞针形、长纺锤形、新月形、弧曲形或螺旋状，直或弯曲，细胞两端的细胞壁延伸成长刺，刺直或略弯，其末端均为尖形；色素体周生，片状，几乎充满整个细胞。

池塘、湖泊中的浮游种类。

拟菱形弓形藻 *Schroederia nitzschioides* (G. S. West) Korschikoff

单细胞，长纺锤形，两端逐渐尖细，并延伸成细长的刺，两刺的末端常向相反方向微弯曲；色素体片状，1 个，具或无蛋白核。细胞长（包括刺）100～130μm，宽 3.5～13μm，刺长 20～35μm。

无性生殖由细胞横向分裂产生动孢子。

湖泊、池塘中的真性浮游种类。

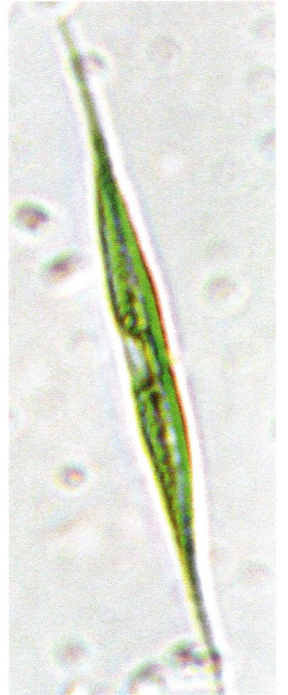

拟菱形弓形藻
Schroederia nitzschioides

小球藻科 Chlorellaceae

小球藻属 *Chlorella* Beijerinck

植物体为单细胞，单生或多个细胞聚集成群，群体中的细胞大小很不一致，浮游；细胞球形或椭圆形，细胞壁薄或厚；色素体周生，杯状或片状。

生长在淡水或咸水中，淡水种类多生长在较肥沃的小水体中，有时生长在潮湿土壤、岩石、树干上，是良好的实验材料，细胞含丰富的蛋白质，可进行大规模培养，可以生产蛋白质。

小球藻 *Chlorella vulgaris* Beijerinck

单细胞或有时数个细胞聚集在一起；细胞球形，细胞壁薄；色素体杯状，1 个，占细胞的一半或稍多，具 1 个蛋白核，有时不明显。细胞直径 5～10μm。

无性生殖产生 2 个、4 个或 8 个似亲孢子。

生长在池塘、湖泊的浅水港湾中。国内外广泛分布。

被刺藻属 *Franceia* Lemmermann

植物体为单细胞，有时为 2～4 个细胞聚集在一起的暂时性群体，浮游；细胞椭圆形、卵形或长圆形，两端宽圆，细胞壁薄，整个细胞壁表面具不规则排列的毛状长刺，刺基部

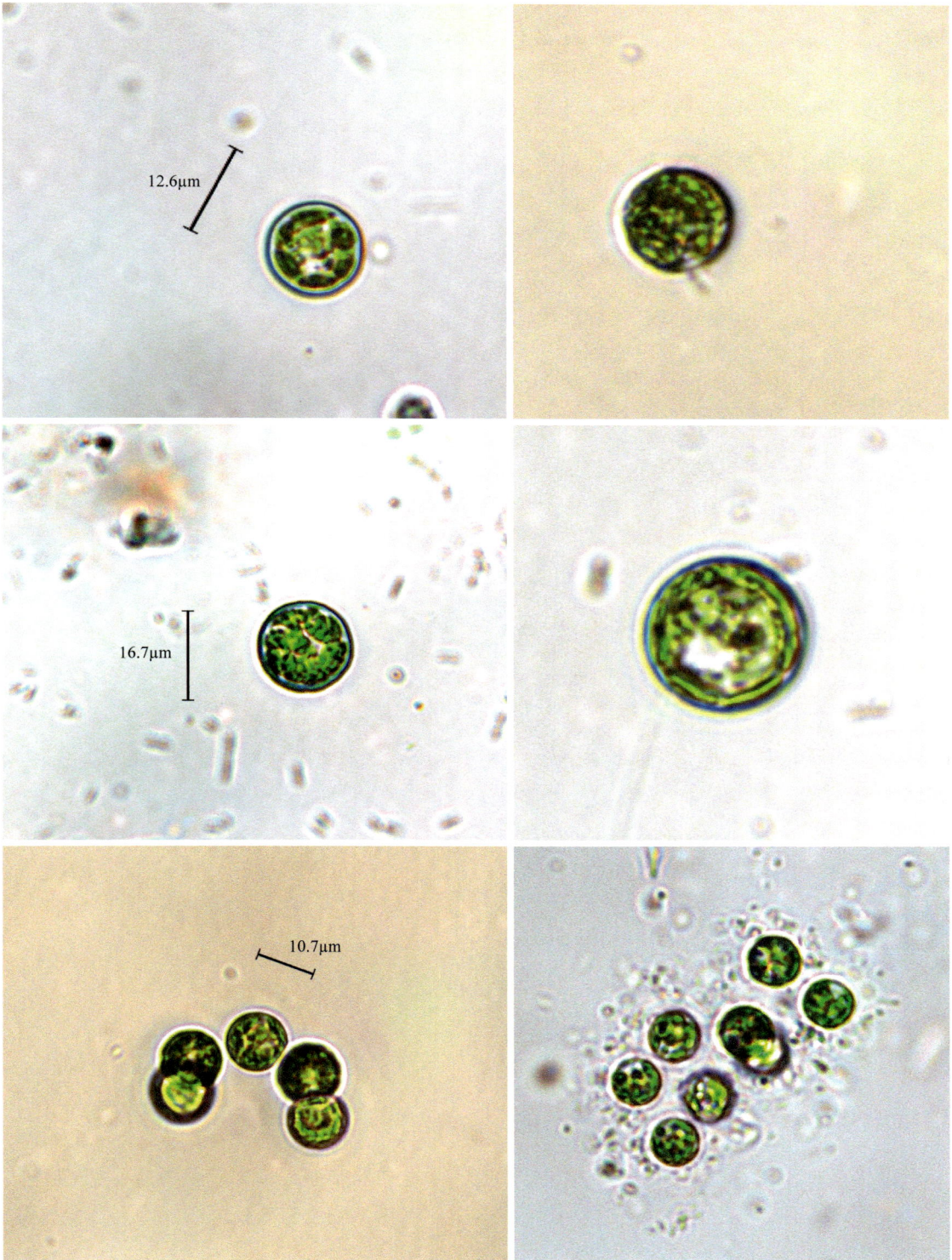

12.6μm

16.7μm

10.7μm

小球藻 *Chlorella vulgaris*

有或无结节；色素体周生，片状。

湖泊、池塘中的浮游种类。

被刺藻 *Franceia ovalis* (France) Lemmermann

单细胞或数个细胞聚在一起，浮游；细胞椭圆形或卵形，两端宽圆，细胞壁薄，整个细胞壁表面具不规则排列的毛状长刺；色素体片状，多为 2 个，罕为 1 个或 3 个，各具 1 个蛋白核。细胞长 8～23μm，宽 5～10μm，刺长 15～23μm。

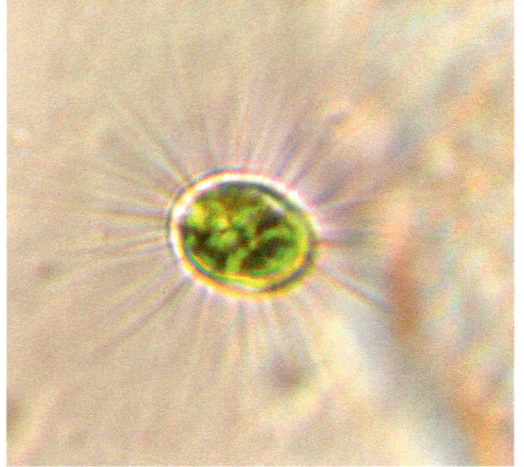

被刺藻 *Franceia ovalis*

四角藻属 *Tetraëdron* Kützing

植物体为单细胞，浮游；细胞扁平或角锥形，具 3 个、4 个或 5 个角，角分叉或不分叉，角延长成突起或无，角或突起顶端的细胞壁常凸出为刺；色素体周生，盘状或多角片状，1 个到多个，各具 1 个蛋白核或无。

常生长在各种静止水体中，以水坑、池塘、沼泽及湖泊的浅水港湾中较多。

小形四角藻 *Tetraëdron gracile* (Reinsch) Hansgirg

单细胞，扁平，正面观四角形，细胞缘边及两角中间均深凹入，具 4 个角，角延长成长突起，并二次分叉，第二次分叉的末端具 2～4 个短刺。细胞不含刺宽 9～30μm，含刺宽 30～60μm，厚 4μm。

池塘、浅水湖泊中。国内外广泛分布。

蹄形藻属 *Kirchneriella* Schmidle

植物体为群体，常 4 个或 8 个为一组，多数包被在胶质的群体胶被中，浮游；细胞新月形、半月形、蹄形、镰形或圆柱形，两端尖细或钝圆；色素体周生，片状。

生长在湖泊、池塘、水库、沼泽中的浮游种类。

扭曲蹄形藻 *Kirchneriella contorta* (Schmidle) Bohlin

群体多由 16 个细胞组成，细胞彼此分离，不规则地排列在群体胶被中；细胞圆柱形、弓形或螺旋状弯曲（不超过 1.5 转），两端钝圆；色素体 1 个，充满整个细胞，不具蛋白核。细胞长 7～20μm，宽 1～2μm。

生长在湖泊、池塘、沼泽、稻田中，较多见于浅水水体中。国内外广泛分布。

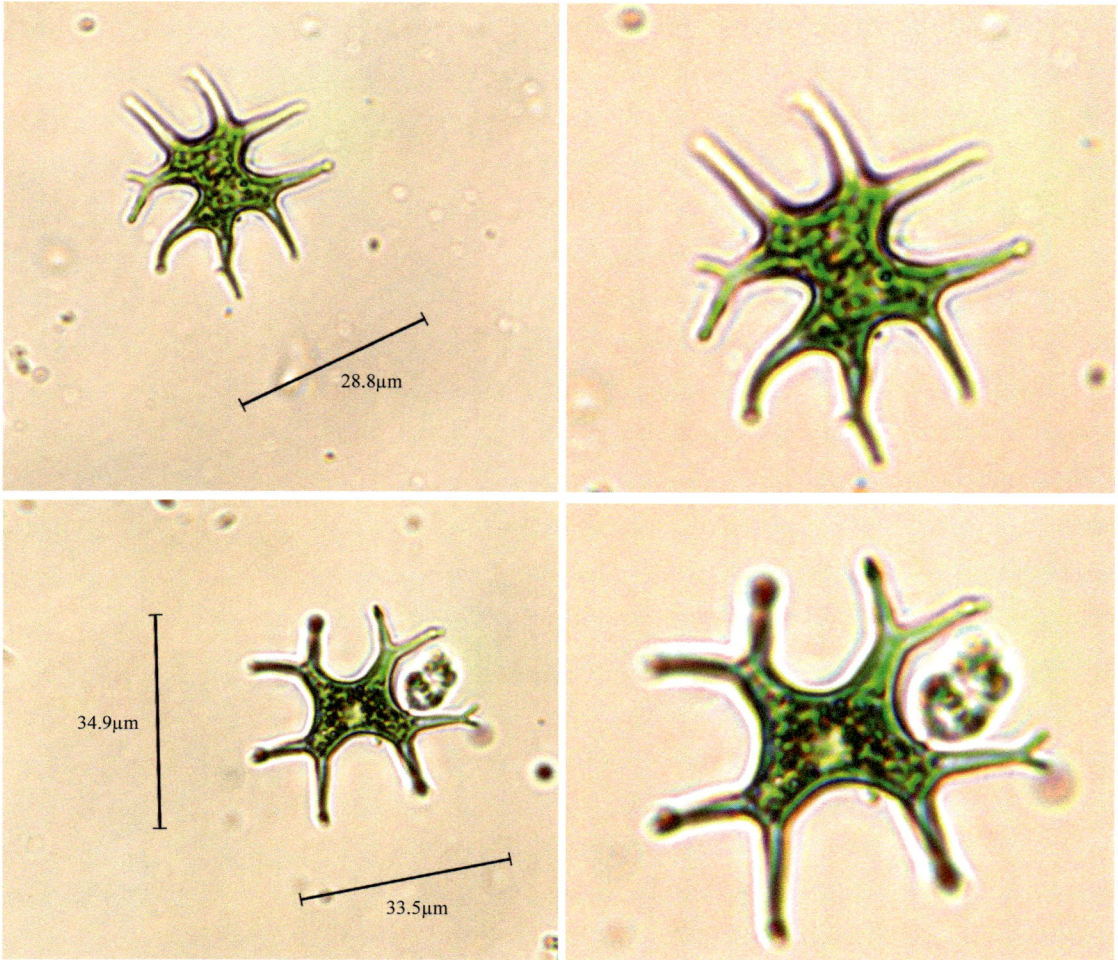

28.8μm

34.9μm

33.5μm

小形四角藻 *Tetraëdron gracile*

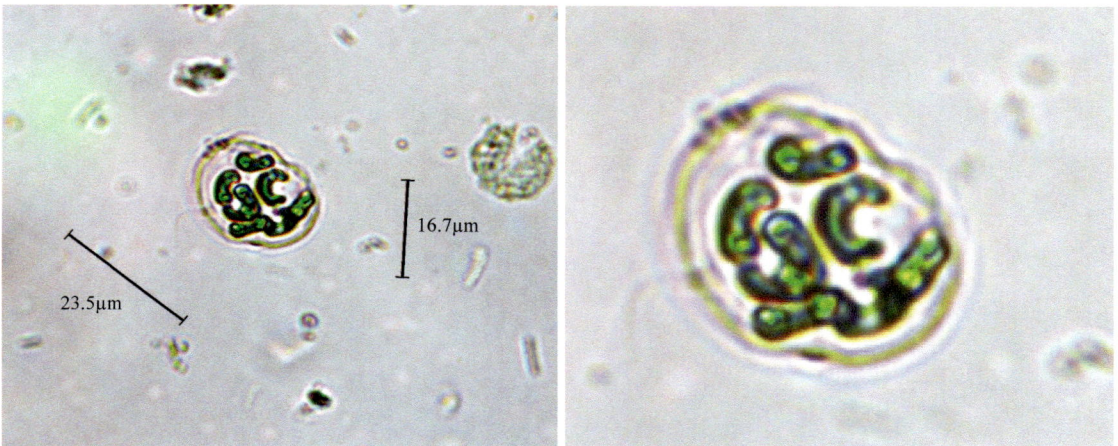

16.7μm

23.5μm

扭曲蹄形藻 *Kirchneriella contorta*

月牙藻属 *Selenastrum* Reinsch

植物体常 4 个、8 个或 16 个细胞为一群,数群彼此联合成可多达 128 个细胞以上的群体,无群体胶被,罕为单细胞,浮游;细胞新月形或镰形,两端尖,同一母细胞产生的个体彼此以背部凸出的一侧相靠排列;色素体周生,片状。

湖泊、池塘、水库、沼泽中的浮游种类。

月牙藻 *Selenastrum bibraianum* Reinsch

植物体常由 2 个、4 个、8 个、16 个或更多个细胞聚集成群,以细胞背部凸出一侧相靠排列;细胞新月形或镰形,两端同向弯曲,自中部向两端逐渐尖细,较宽短;色素体 1 个,具 1 个蛋白核。细胞长 20 ～ 38μm, 宽 5 ～ 8μm,两顶端直线距离 5 ～ 25μm。

常生长在有机质丰富的小水体中。

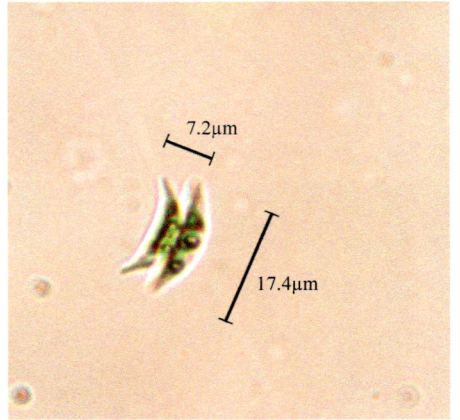

7.2μm

17.4μm

月牙藻 *Selenastrum bibraianum*

拟新月藻属 *Closteriopsis* Lemmermann

植物体为单细胞,浮游;细胞长纺锤形、针形,两端渐尖并微弯;色素体周生,带状,几乎达细胞的两端,具几个或多个蛋白核,排成一列。

湖泊、池塘中的浮游种类。

拟新月藻 *Closteriopsis longissima* (Lemm.) Lemmermann

单细胞,狭长,针形,两侧近乎平行,两端渐尖、略弯;色素体周生,带状,1 个,具多个蛋白核,排成一列。细胞长 190 ～ 530μm,宽 2.5 ～ 7.5μm。

生长在池塘、湖泊中。国内外普遍分布。

四棘藻属 *Treubaria* Bernard

植物体为单细胞,浮游;细胞三角锥形、四角锥形、不规则的多角锥形、扁平三角形或四角形,角广圆,角间的细胞壁略凹入,各角的细胞壁凸出为粗长刺;色素体杯状,1 个,具 1 个蛋白核,老细胞的色素体常多个,块状,充满整个细胞,每个色素体具 1 个蛋白核。

粗刺四棘藻 *Treubaria crassispina* G. M. Smith

单细胞,大,三角锥形至近三角锥形,具近圆柱形长粗刺,顶端急尖。细胞不包括刺宽 12 ～ 15μm,刺长 30 ～ 60μm,刺基部宽 4 ～ 6μm。

生长于富营养型的湖泊、池塘中。

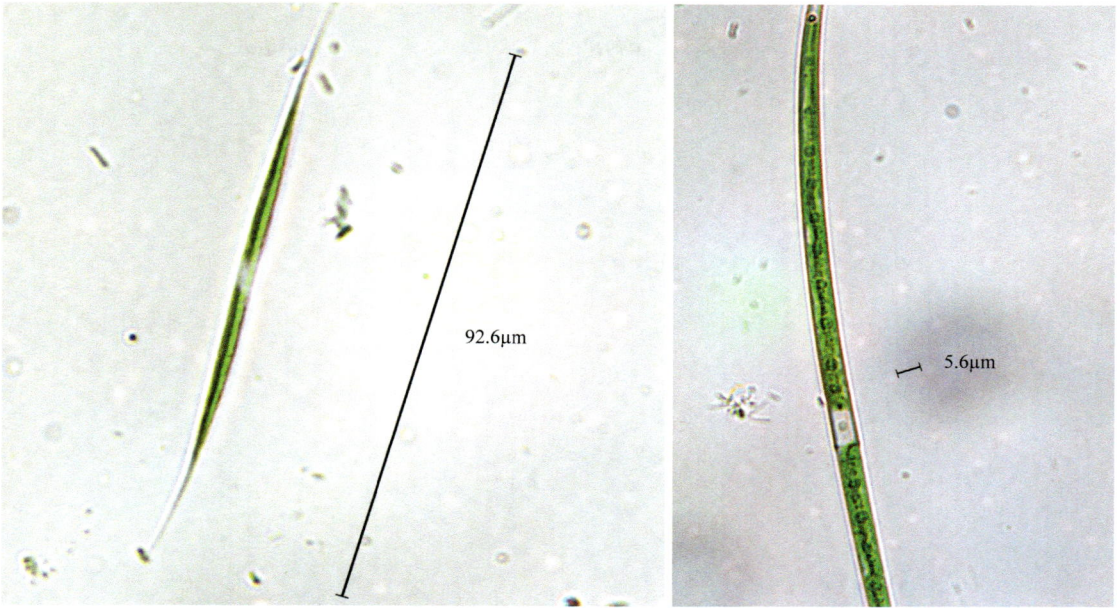

92.6μm

5.6μm

拟新月藻 *Closteriopsis longissima*

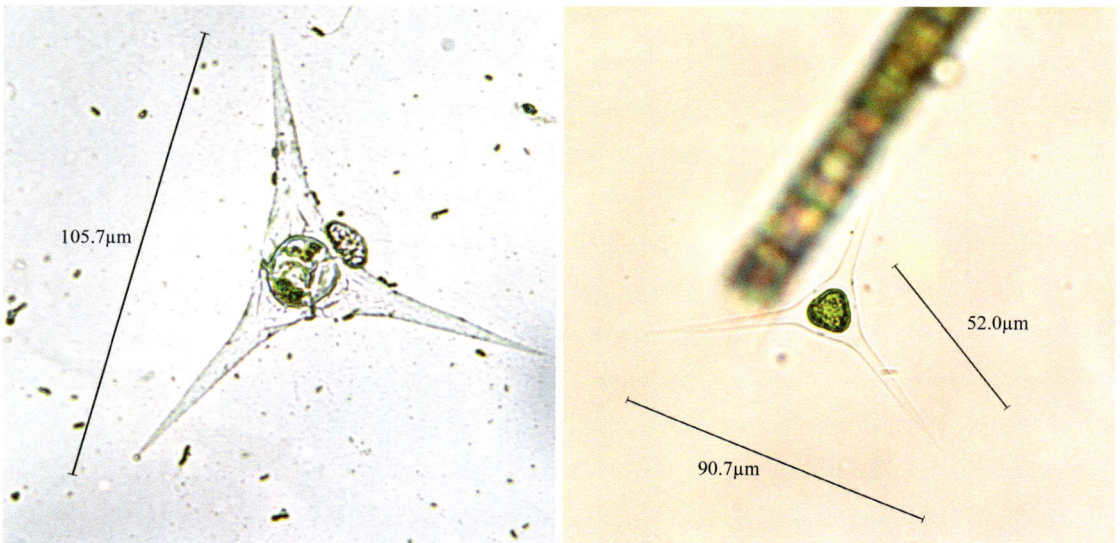

105.7μm

52.0μm

90.7μm

粗刺四棘藻 *Treubaria crassispina*

卵囊藻科 Oocystaceae

卵囊藻属 *Oocystis* Nägeli

植物体为单细胞或群体，群体常由 2 个、4 个、8 个或 16 个细胞组成，包被在部分胶化膨大的母细胞壁中；细胞椭圆形、卵形、纺锤形、长圆形或柱状长圆形等，细胞壁平滑，或在细胞两端具短圆锥状增厚，细胞壁扩大和胶化时，圆锥状增厚不胶化；色素体周生，片状、多角形块状或不规则盘状，1个或多个，每个色素体具1个蛋白核或无。

　　绝大多数是浮游种类，生长于各种淡水水体中，在有机质较多的小水体和浅水湖泊中常见。

湖生卵囊藻 *Oocystis lacustris* Chodat

　　群体常由2个、4个或8个细胞组成，包被在部分胶化膨大的母细胞壁内，单细胞的极少，浮游；细胞椭圆形或宽纺锤形，两端微尖并具短圆锥状增厚；色素体片状，1～4个，各具1个蛋白核。细胞长14～32μm，宽8～22μm。

　　生长在池塘、湖泊中，常见，但数量较少。国内外广泛分布。

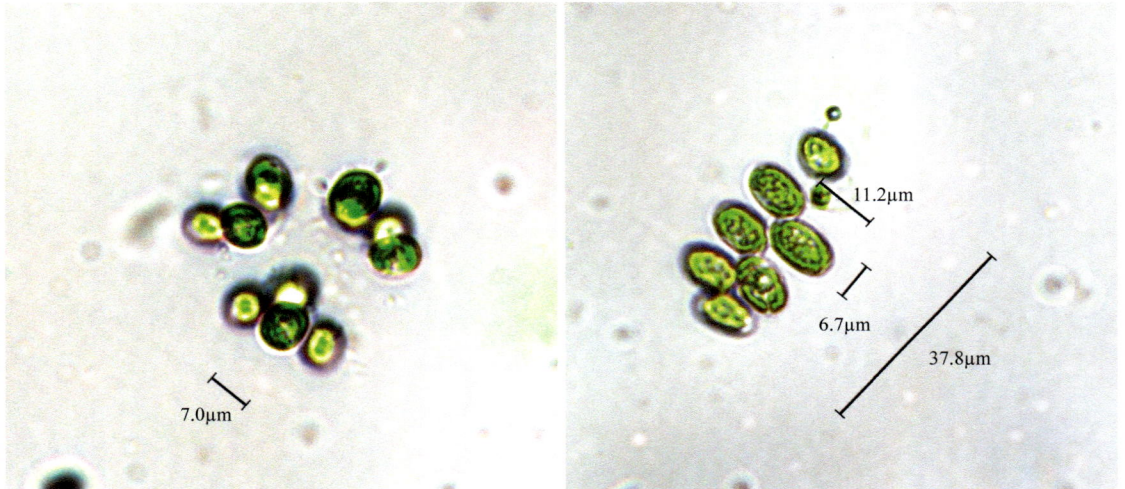

湖生卵囊藻 *Oocystis lacustris*

并联藻属 *Quadrigula* Printz

　　植物体为群体，由2个、4个、8个或更多个细胞聚集在一个共同的透明胶被内，细胞常4个为一组，其长轴与群体长轴互相平行排列，细胞上下两端平齐或互相错开，浮游；细胞纺锤形、新月形、近圆柱形至长椭圆形，直或略弯曲，细胞长度为宽度的5～20倍，两端略尖细；色素体周生，片状，位于细胞的一侧或充满整个细胞。

柯氏并联藻 *Quadrigula chodatii* (Tann.-Fullm.) G. M. Smith

　　群体为宽纺锤形，由4个、8个或更多的细胞聚集在透明的胶被内，细胞的长轴与群体长轴互相平行排列，浮游；细胞长纺锤形至近月形，直或略弯曲，两端逐渐尖细，末端略尖；色素体周生，片状，在细胞中部略凹入，具2个蛋白核。细胞长18～80μm，宽2.5～7μm。

生长在池塘、浅水湖泊中。

盘星藻科 Pediastraceae

盘星藻属 *Pediastrum* Meyen

植物体为真性定形群体，由4个、8个、16个、32个、64个或128个细胞排列成一层细胞厚的扁平盘状、星状群体，群体无穿孔或具穿孔，浮游；群体缘边细胞常具1个、2个或4个突起，有时突起上具长的胶质毛丛，群体缘边内的细胞多角形，细胞壁平滑，具颗粒、细网纹；幼细胞的色素体周生，圆盘状。

生长在水坑、池塘、湖泊、水库、稻田和沼泽中。

盘星藻 *Pediastrum biradiatum* Meyen

真性定形群体，由4个、8个、16个、32个或64个细胞组成，群体细胞间具穿孔；群体缘边细胞外壁具2个裂片状突起，其末端具缺刻，以细胞基部与邻近细胞连接，群体内层细胞具2个裂片状突起，其末端不具缺刻，细胞壁平滑、凹入。细胞

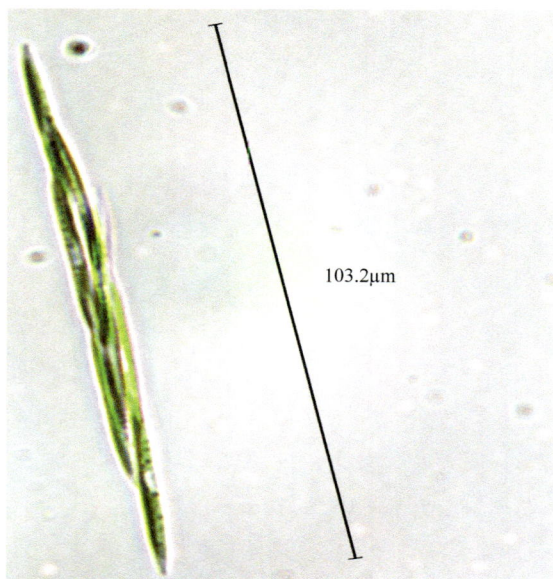

103.2μm

柯氏并联藻 *Quadrigula chodatii*

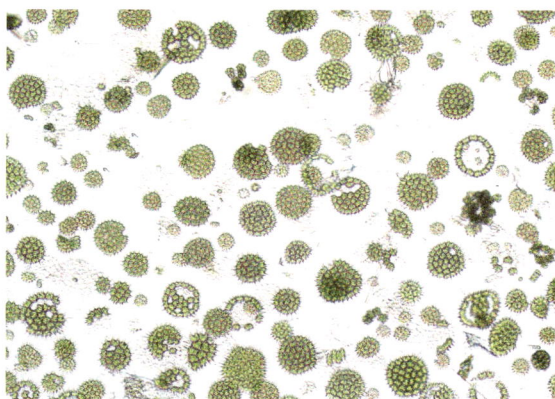

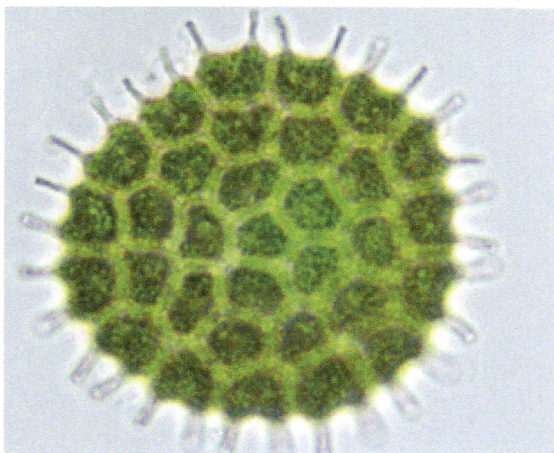

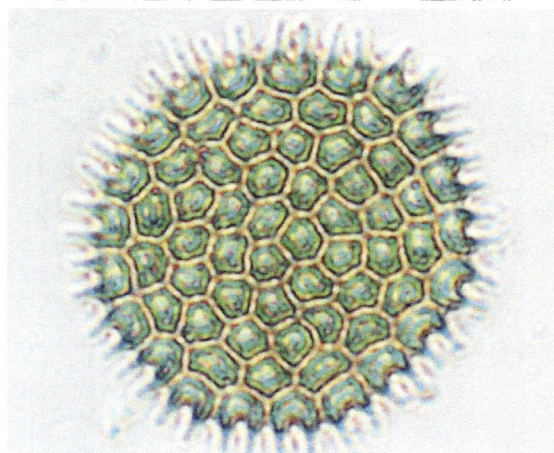

盘星藻 *Pediastrum biradiatum*

长 15～30μm，宽 10～22μm。

湖泊、池塘中的常见浮游种类。国内外广泛分布。

短棘盘星藻 *Pediastrum boryanum* (Turp.) Meneghini

真性定形群体，由 4 个、8 个、16 个、32 个或 64 个细胞组成，群体细胞间无穿孔；群体细胞五边形或六边形，缘边细胞外壁具 2 个钝的角状突起，以细胞侧壁和基部与邻近细胞连接，细胞壁具颗粒。细胞长 15～21μm，宽 10～14μm。

湖泊、池塘中的常见真性浮游种类。国内外广泛介布。

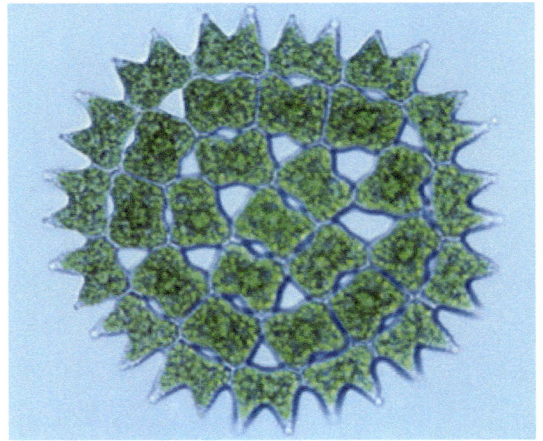

短棘盘星藻 *Pediastrum boryanum*

布朗盘星藻 *Pediastrum braunii* Wartmann

真性定形群体，由 4 个、8 个或 16 个细胞组成，群体细胞间无穿孔，或仅在群体中心具很小间隙；群体细胞四边形或五边形，缘边细胞外壁具 3 个或 4 个短的尖突起，不在一个平面上，以细胞侧壁和基部与邻近细胞连接，细胞壁平滑。群体直径 18～38μm，细胞长 9～13μm，宽 9～13μm。

湖泊、池塘中的浮游种类。国内外普遍分布。

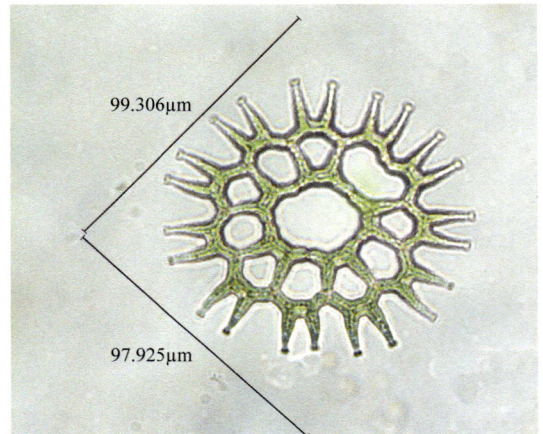

布朗盘星藻 *Pediastrum braunii*

二角盘星藻 *Pediastrum duplex* Meyen

真性定形群体，由 8 个、16 个、32 个、64 个或 128 个细胞（常为 16 个、32 个细胞）组成，群体细胞间具小的透镜状穿孔；群体缘边细胞四边形，其外壁扩展成 2 个圆锥形的钝顶短突起，群体内层细胞或多或少呈四方形，侧壁中部略凹入，邻近细胞间细胞侧壁的中部彼此不连接，细胞壁平滑。细胞长 11～21μm，宽 8～21μm。

二角盘星藻 *Pediastrum duplex*

湖泊、池塘中的常见浮游种类。国内外广泛分布。

整齐盘星藻 *Pediastrum integrum* Nägeli

真性定形群体，由 4 个、8 个、16 个、32 个或 64 个细胞组成，群体细胞间无穿孔；细胞常为五边形，群体缘边细胞外壁平整或具 2 个退化的短突起，2 个短突起间的细胞壁略凹入，细胞壁常具颗粒。细胞长 15 ～ 22μm，宽 16 ～ 25μm。

生长在湖泊、池塘中的真性浮游种类。

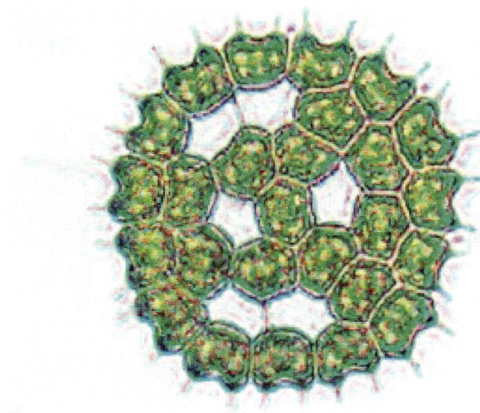

整齐盘星藻 *Pediastrum integrum*

单角盘星藻具孔变种 *Pediastrum simplex* var. *duodenarium* (Bail.) Rabenhorst

群体细胞间具穿孔；群体缘边细胞常为三角形，其外壁具 1 个圆锥形的角状突起，突起两侧凹入，群体内层细胞五边形或六边形，细胞壁常具颗粒。细胞（不包括角状突起）

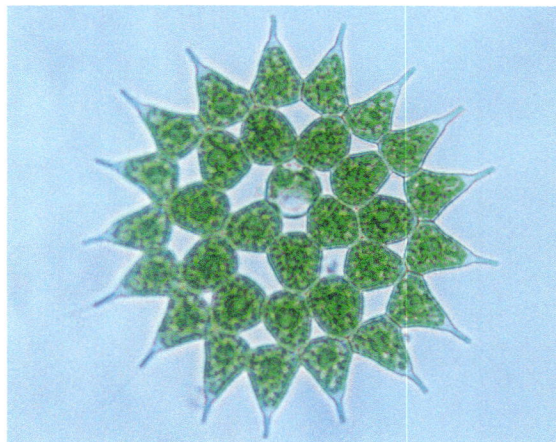

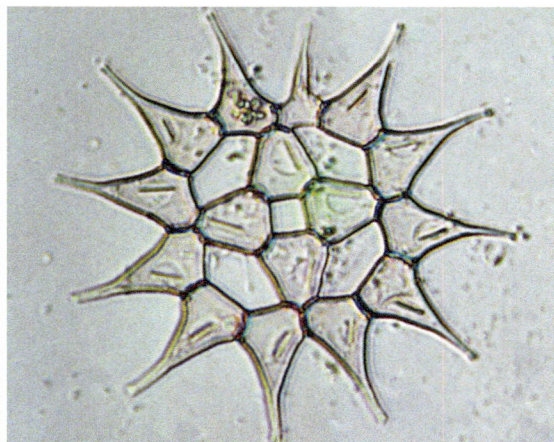

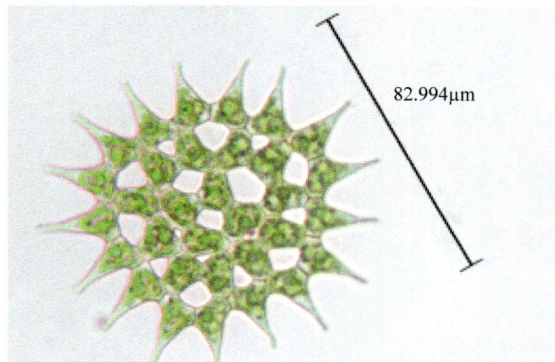

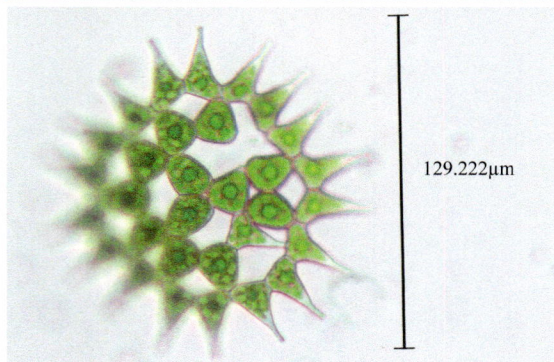

82.994μm

129.222μm

单角盘星藻具孔变种 *Pediastrum simplex* var. *duodenarium*

长 12 ～ 18μm，宽 12 ～ 18μm。

在湖泊、池塘中常见的真性浮游种类。

四角盘星藻 *Pediastrum tetras* (Ehr.) Ralfs

真性定形群体，由 4 个、8 个、16 个或 32 个（常为 8 个）细胞组成，群体细胞间无穿孔；群体缘边细胞的外壁具一线形至楔形的深缺刻而分成 2 个裂片，裂片外侧浅或深凹入，群体内层细胞五边形或六边形，具一深的线形缺刻，细胞壁平滑。细胞长 8 ～ 16μm，宽 8 ～ 16μm。

湖泊、池塘中的真性浮游种类。

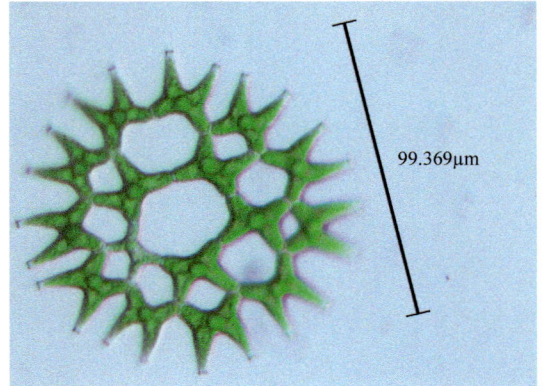

99.369μm

四角盘星藻 *Pediastrum tetras*

栅藻科 Scenedesmaceae

集星藻属 *Actinastrum* Lagerheim

真性定形群体，由 4 个、8 个或 16 个细胞组成，无群体胶被，群体细胞以一端在群体中心彼此连接，以细胞长轴从群体中心向外放射状排列，浮游；细胞长纺锤形或长圆柱形，两端逐渐尖细或略狭窄，或一端平截，另一端逐渐尖细或略狭窄；色素体周生，长片状。

集星藻 *Actinastrum hantzschii* Lagerheim

真性定形群体，由 4 个、8 个或 16 个细胞组成，群体中的各个细胞的一端在群体中心彼此连接，以细胞长轴从群体共同的中心向外放射状辐射排列；细胞长圆柱状纺锤形，两

20.4μm　9.0μm　33.1μm

集星藻 *Actinastrum hantzschii*

端略狭和截圆形;色素体周生,长片状,1个,具1个蛋白核。细胞长 12 ～ 22μm,宽 3 ～ 6μm。生长在湖泊、池塘中的浮游种类。国内外普遍分布。

栅藻属 *Scenedesmus* Meyen

真性定形群体，常由 4 个、8 个细胞或有时由 2 个、16 个或 32 个细胞组成，绝少为单个细胞的，群体中的各个细胞以其长轴互相平行、其细胞壁彼此连接排列在一个平面上，互相平齐或互相交错，也有排成上下两列或多列，罕见仅以其末端相接呈屈曲状;细胞椭圆形、卵形、弓形、新月形、纺锤形或长圆形等，细胞壁平滑，或具颗粒、刺、细齿、齿状凸起、隆起线或帽状增厚等构造，色素体周生、片状。

在淡水中极为常见的浮游种类，静水小水体更适合此属各种的生长繁殖。

尖细栅藻 *Scenedesmus acuminatus* (Lag.) Chodat

真性定形群体，由 4 个或 8 个细胞组成，群体细胞不排列成一直线，以中部侧壁互相连接;细胞弓形、纺锤形或新月形，每个细胞的上下两端逐渐尖细，细胞壁平滑。4 个细胞的群体宽 7 ～ 14μm，细胞长 19 ～ 40μm，宽 3 ～ 7μm。

生长在各种小水体中。国内外广泛分布。

51.9μm

71.5μm

尖细栅藻 *Scenedesmus acuminatus*

被甲栅藻 *Scenedesmus armatus* (Chod.) Chodat

真性定形群体，由 2 个、4 个或 8 个细胞组成，群体细胞呈直线排成一行，平齐或略交错;细胞卵形或长椭圆形，群体两侧细胞的上下两端各具 1 长刺，群体细胞游离面的中央线上各有一条隆起线，此隆起线的中段常常模糊不清或中断。4 个细胞的群体宽 16 ～ 25μm，细胞长 7 ～ 16μm，宽 6 ～ 8μm，刺长 7 ～ 15μm。

生长在各种小水体中。国内外广泛分布。

双对栅藻 *Scenedesmus bijuga* (Turp.) Lagerheim

真性定形群体扁平，由 2 个、4 个或 8

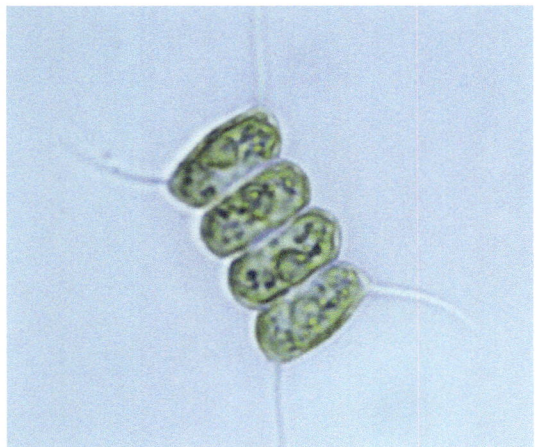

被甲栅藻 *Scenedesmus armatus*

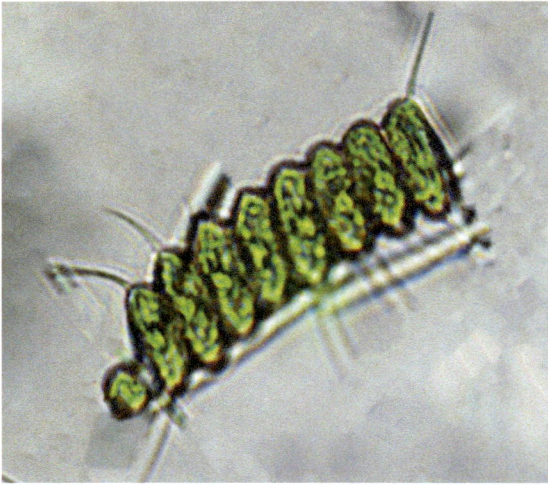

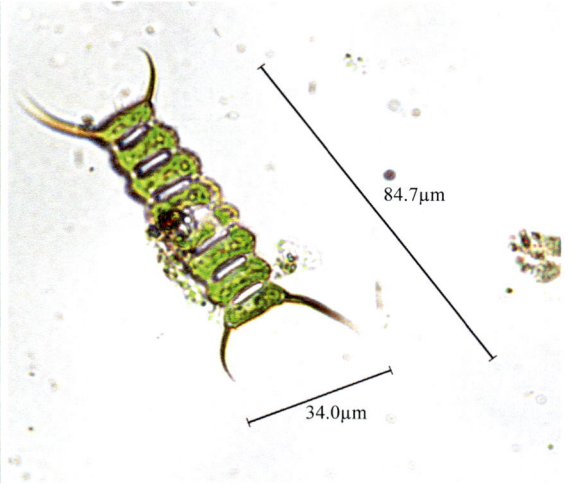

双对栅藻 *Scenedesmus bijuga*

个细胞组成，群体细胞呈直线排成一行，平齐或偶尔交错；细胞卵形或长椭圆形，两端宽圆，细胞壁平滑。4 个细胞的群体宽 16 ～ 25μm，细胞长 7 ～ 18μm，宽 4 ～ 6μm。

生长在各种静止水体中。国内外广泛分布。

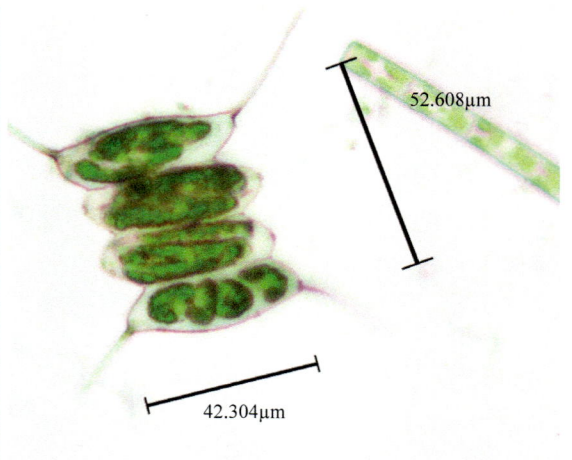

四尾栅藻 *Scenedesmus quadricauda* (Turp.) Brébisson

真性定形群体扁平，由 2 个、4 个、8 个或 16 个细胞组成，常为 4 个或 8 个细胞组成，群体细胞并列直线排成一列；细胞长圆形、圆柱形或卵形，细胞上下两端广圆，群体外侧细胞的上下两端各具一向外斜的直或略弯曲的刺，细胞壁平滑。4 个细胞的群体宽 14 ～ 52μm，细胞长 8 ～ 42μm，宽 3.5 ～ 10μm。

生长在各种水体中。国内外广泛分布。

四尾栅藻 *Scenedesmus quadricauda*

二形栅藻 *Scenedesmus dimorphus* (Turp.) Kützing

真性定形群体扁平，由 4 个或 8 个细胞组成，常为 4 个细胞组成，群体细胞呈直线并列排成一行或互相交错排列；中间的细胞纺锤形，上下两端渐尖，直，两侧细胞绝少垂直，新月形或镰形，上下两端渐尖；细胞壁平滑。4 个细胞的群体宽 11 ～ 20μm，细胞长 16 ～ 23μm，宽 3 ～ 5μm。

生长在各种静水小水体中，多与其他种类的栅藻混生。国内外广泛分布。

二形栅藻 *Scenedesmus dimorphus*

锯齿栅藻 *Scenedesmus serratus* (Corda) Bohlin

真性定形群体扁平，常由 4 个细胞组成，群体细胞呈直线排成一行，平齐或互相交错排列；细胞长卵形或长椭圆形，群体细胞的上下两端各具 2 个齿状凸起，外侧细胞的外侧缘具 1 纵列小刺。4 个细胞的群体宽 16 ～ 26μm，细胞长 13 ～ 17μm，宽 4 ～ 6μm。

生长在各种静水小水体中。国内外普遍分布。

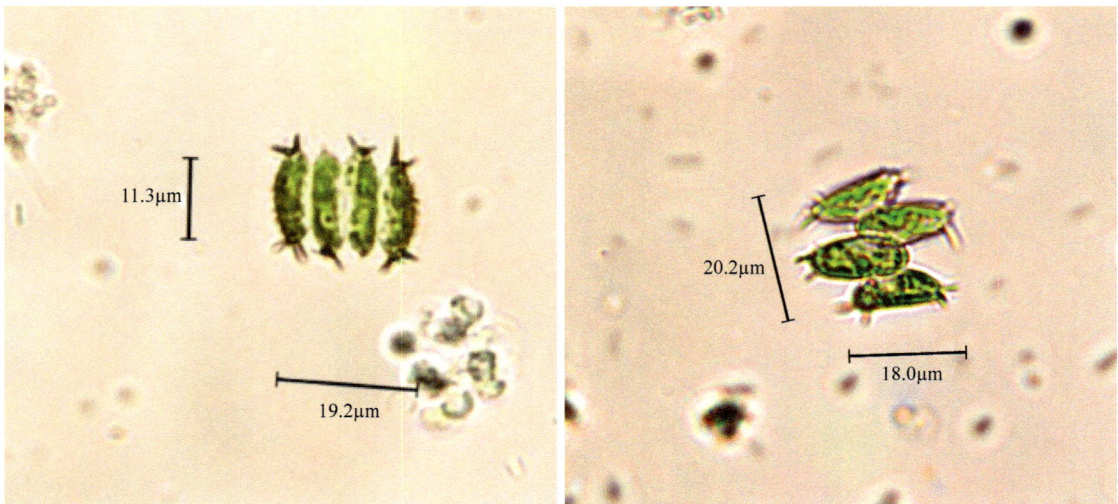

锯齿栅藻 *Scenedesmus serratus*

韦斯藻属 *Westella* Wildeman

植物体为复合真性定形群体，各群体间以残存的母细胞壁相连，有时具胶被，群体由 4 个细胞呈四方形排列在一个平面上，各个细胞间以其细胞壁紧密相连；细胞球形，细胞壁平滑；色素体周生、杯状。

丛球韦斯藻 *Westella botryoides* (West) Wildeman

真性定形群体，由 4 个细胞呈四方形排列在一个平面上，各个细胞间以其细胞壁紧密相连，各群体间以残存的母细胞壁相连成为复合的群体；细胞球形，细胞壁平滑。细胞直径 3 ～ 9μm。

湖泊中的真性浮游种类，特别是软水湖泊中数量较多。

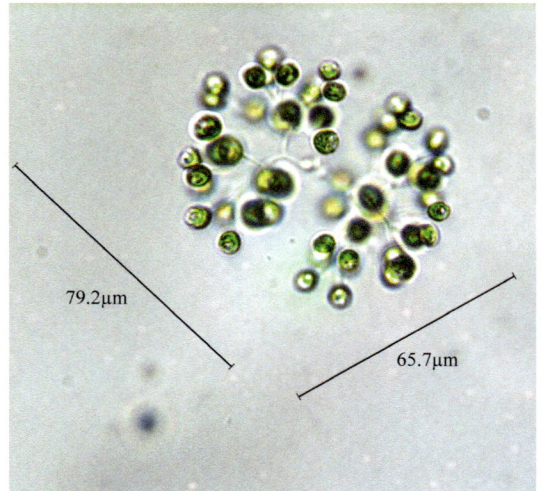

79.2μm
65.7μm

丛球韦斯藻 *Westella botryoides*

十字藻属 *Crucigenia* Morren

植物体为真性定形群体，由 4 个细胞排成椭圆形、卵形、方形或长方形，群体中央常具或大或小的方形空隙，常具不明显的群体胶被，子群体常被胶被粘连在一个平面上，形成板状的复合真性定形群体；细胞梯形、半圆形、椭圆形或三角形；色素体周生、片状。

生长在湖泊、池塘中，浮游。

四足十字藻 *Crucigenia tetrapedia* (Kirchn.) West & West

真性定形群体，由 4 个细胞组成，排成四方形，子群体常被胶被粘连在一个平面上，形成 16 个细胞的板状复合群体；细胞三角形，细胞外壁游离面平直，角尖圆；色素体片状，具 1 个蛋白核。细胞长 3.5 ～ 9μm，宽 5 ～ 12μm。

生长在湖泊、池塘、沟渠中。广泛分布。

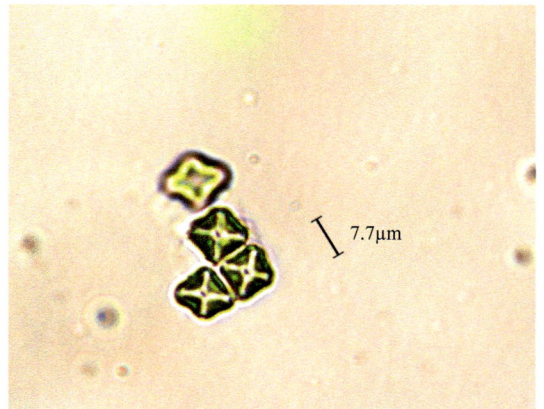

7.7μm

四足十字藻 *Crucigenia tetrapedia*

空星藻属 *Coelastrum* Nägeli

植物体为真性定形群体，是由 4 个、8 个、16 个、32 个、64 个或 128 个细胞组成多孔的、中空的球体至多角形体，群体细胞以细胞壁或细胞壁上的凸起彼此连接；细胞球形、圆锥形、近六角形或截顶的角锥形，细胞壁平滑、部分增厚或具管状凸起；色素体周生，幼时杯状，具 1 个蛋白核，成熟后扩散，几乎充满整个细胞。

生长在各种静止水体中。

小空星藻 *Coelastrum microporum* **Nägeli**

　　真性定形群体，球形至卵形，由 8 个、16 个、32 个或 64 个细胞组成，相邻细胞间以细胞基部互相连接，细胞间隙呈三角形和小于细胞直径；群体细胞球形，有时为卵形，细胞外具一层薄的胶鞘。细胞包括鞘宽 10 ～ 18μm，不包括鞘宽 8 ～ 13μm。

　　湖泊、水库、池塘中的浮游种类。国内外广泛分布。

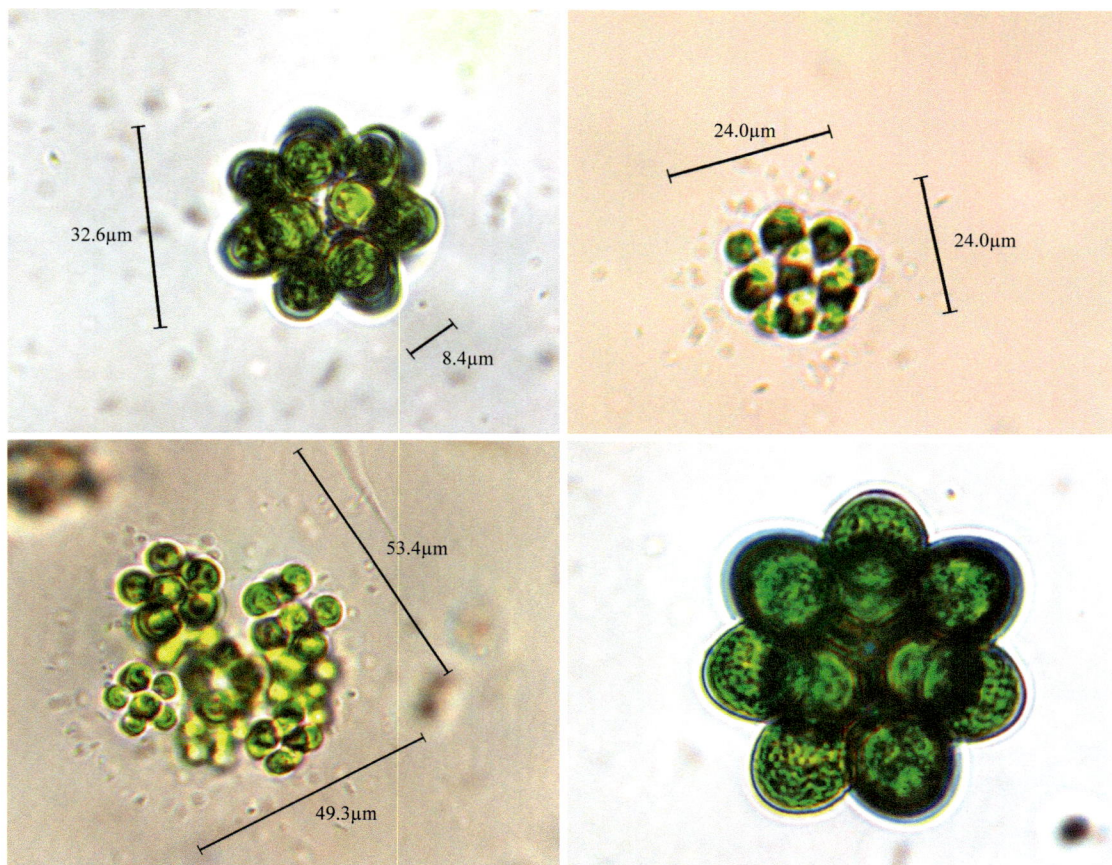

小空星藻 *Coelastrum microporum*

丝藻目 **Ulotrichales**

丝藻科 Ulotrichaceae

丝藻属 *Ulothrix* **Kuetzing**

　　丝状体由单列细胞构成，长度不等，幼丝体由基细胞固着在基质上，基细胞简单或略分叉呈假根状；细胞圆柱状，有时略膨大，一般长大于宽，有时有横壁收缢；细胞壁一般为薄壁，有时为厚壁或略分层；少数种类具胶鞘。

生长在淡水中或潮湿的土壤或岩石表面，一般喜低温，夏天较少。

颤丝藻 *Ulothrix oscillatoria* Kuetzing

丝状体细长，细胞短圆柱形，宽 3 ～ 12μm，长仅为宽的 1/4 ～ 1/2；细胞壁薄，常胶化，横壁不收缢或略收缢；色素体带状，侧位，环绕周壁的一半左右，具 2 ～ 3 个蛋白核。

常生长在流水石上或静水池中。

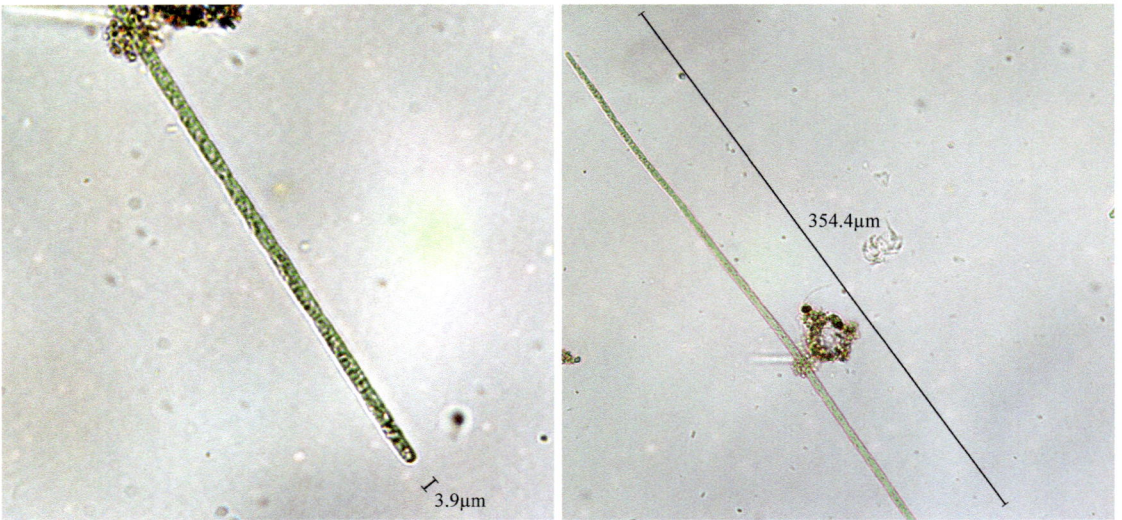

354.4μm

3.9μm

颤丝藻 *Ulothrix oscillatoria*

微孢藻科 Microsporaceae
微孢藻属 *Microspora* Thuret

植物体为由一列细胞构成的丝状体，绝大多数种类生活于淡水中；幼时着生，长成后漂浮。细胞圆柱状，有的略膨大，或呈桶形。细胞壁由两个相邻细胞共有紧贴的横壁，同时各向一方伸出各自的半个细胞的壁以构成（镜面观上）一个"H"片状构造；有些种类的"H"片状构造较难显示；"H"片状构造或是简单同质的，或在横壁及纵壁上均有分层；细胞壁均有纤维素与果胶质，有些特殊种类的横壁中沉积有铁盐。色素体周位、片状，有时有穿孔或网状，有的由许多不规则的串珠状部分构成，无蛋白核，但有淀粉颗粒。

该属藻类分布广泛，主要生长在沼泽、池塘等静止水体中，少数种类生长在江河等流水环境中，通常早春季节生长繁盛。

厚壁微孢藻 *Microspora pachyderma* (Wille) Lagerheim

　　丝状体极长，细胞圆柱状，近方形，两种形状的细胞在同一丝状体上均可看到，无横壁收缢，细胞宽 7 ～ 18μm，长为宽的 1 ～ 3 倍，细胞壁略厚，2.5 ～ 3.5μm，"H"片状构造在某些藻丝的顶端可见。色素体为不规则片状、周位，有穿孔。厚壁孢子或静孢子形成时细胞壁胶化；厚壁孢子近球形、扁形（宽大于长）或略不规则的近方形；宽 8 ～ 10μm，长 3.5 ～ 7.5μm。

　　生长在静止水体中。

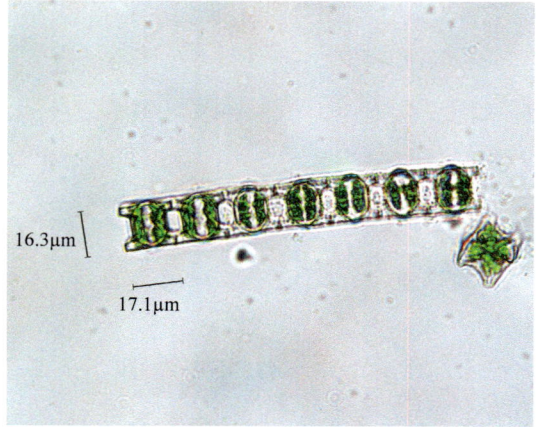

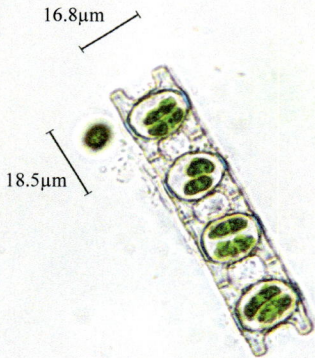

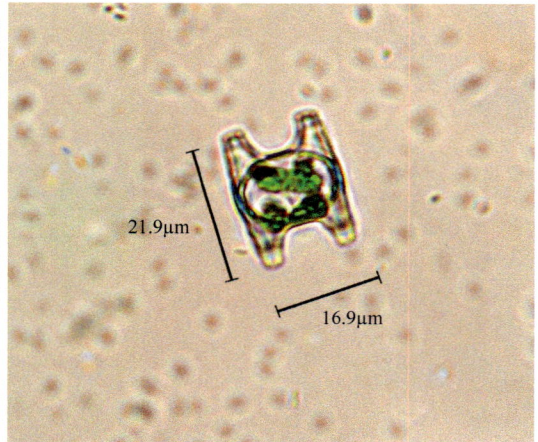

厚壁微孢藻 *Microspora pachyderma*

双星藻纲 Zygnematophyceae

双星藻目 Zygnematales

双星藻科 Zygnemataceae

水绵属 *Spirogyra* Link

　　藻体为不分枝的丝状体。营养细胞圆柱形。每个细胞内具叶绿体 1 ～ 16 条，周生，带状，沿细胞壁作螺旋盘绕。

　　多生长在较浅的静止水体中，如池塘、湖泊等水域。

美纹水绵 *Spirogyra pulchrifigurata* Jao

营养细胞长 58～275μm，宽 38～58μm；横壁平直，色素体 2～5 条，旋绕 1.5～5 转；梯形接合；接合管由雌雄配子囊构成，接合孢子囊膨大，宽可达 73μm，有时缩短；接合孢子椭圆形，两端略钝圆，长 60～109μm，宽 40～75μm；孢壁三层，中孢壁具不规则的粗网纹，成熟后黄褐色。

生长在水坑、水沟、水库、池塘、稻田、湖泊及溪流边。

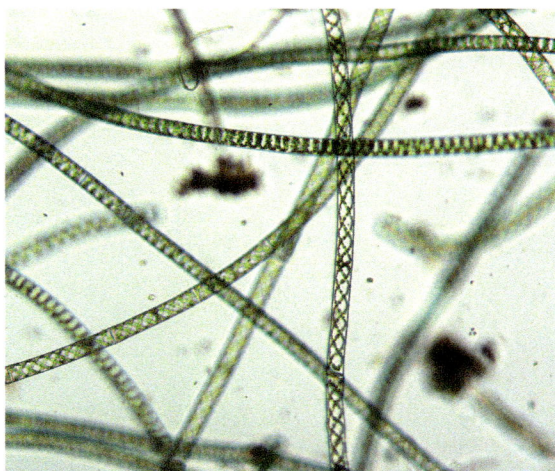

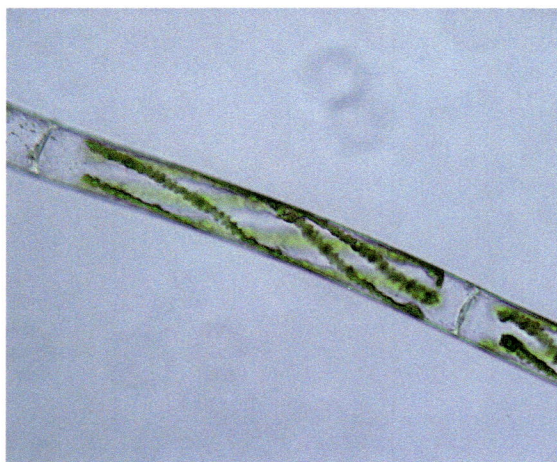

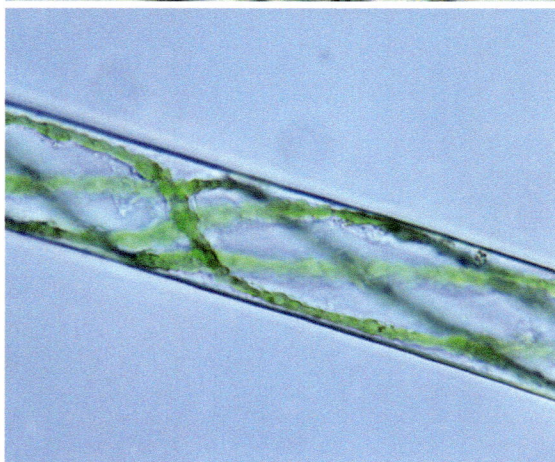

美纹水绵 *Spirogyra pulchrifigurata*

鼓藻目 Desmidiales

鼓藻科 Desmidiaceae

棒形鼓藻属 *Gonatozygon* De Bary

植物体为单细胞，有时彼此连成暂时性的单列丝状体，常在接合生殖前或轻微扰动时断裂成单个细胞；细胞长圆柱形、近狭纺锤形或棒形，长为宽的 8～20 倍，少数达 40 倍，两端平直，有时略膨大或近头状；细胞壁平滑，具颗粒或小刺；色素体轴生、带状，较狭，浮游种类，有时细胞一端的胶质盘固着或附着在沉水生植物上。

尖刺棒形鼓藻 *Gonatozygon aculeatum* Hastings

细胞长圆柱形，长为宽的 14 ～ 25 倍，两端平直，顶部有时略膨大；细胞壁具稠密而略长的直刺，两端无刺；色素体轴生，带状，具 6 ～ 9 个蛋白核。细胞长 125 ～ 266μm，宽 11 ～ 15μm，顶部宽 12 ～ 22μm，刺长 4.5 ～ 9.5μm。

生长在软水水体中。国内外普遍分布。

棒形鼓藻 *Gonatozygon monotaenium* De Bary

细胞长圆柱形，长为宽的 10 ～ 25 倍，两端平直，顶部略膨大；细胞壁具稠密的小颗粒，有时稀疏不明显或明显呈乳头状小凸起；色素体 2 个，轴生、带状，从细胞的一端伸展到细胞的中部，每个色素体具 6 ～ 9 个蛋白核。细胞长 82 ～ 284μm，宽 6 ～ 17μm，顶部宽 9 ～ 18μm。

生长在软水水体中。国内外普遍分布。

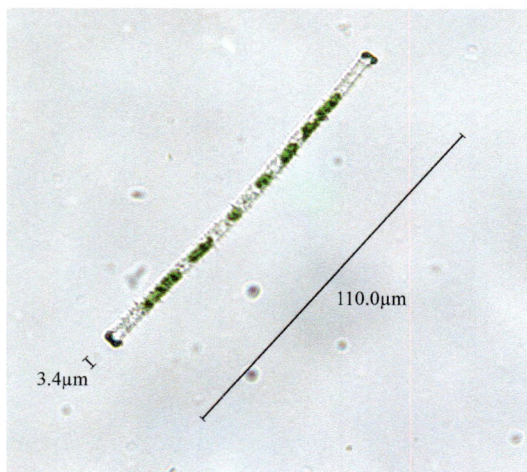

尖刺棒形鼓藻 *Gonatozygon aculeatum*

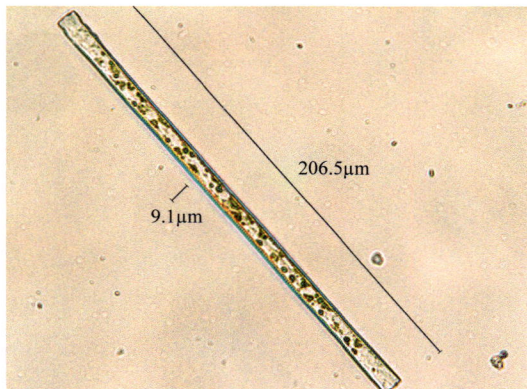

棒形鼓藻 *Gonatozygon monotaenium*

新月藻属 *Closterium* Nitzsch

植物体为单细胞，新月形，略弯曲或显著弯曲，少数平直，中部不凹入，腹部中间不膨大或膨大，顶部钝圆、平直圆形、喙状或逐渐尖细；横断面圆形；细胞壁平滑，具纵向的线纹、肋纹或纵向的颗粒，无色或因铁盐沉淀而呈淡褐色或褐色；每个半细胞具 1 个色素体，由 1 个或数个纵向脊片组成，蛋白核多数，纵向排成一列或不规则散生；细胞两端各具 1 个液泡，内含 1 个或多个结晶状体的运动颗粒；细胞核位于两色素体之间细胞的中部。

在种类的特征描述中，细胞分小、中等大小或大三种类型，小的细胞一般在长 47 ～ 291μm、宽 3 ～ 20μm，中等大小的细胞一般在长 114 ～ 465μm、宽 15 ～ 59μm，大的细胞一般在长 298 ～ 987μm、宽 30 ～ 112μm。

生长在水坑、池塘、湖泊、河流的静水河湾、水库、沼泽等水体中。

月牙新月藻 *Closterium cynthia* De Notaris

细胞小，长为宽的 6 ～ 10 倍，明显的弯曲，背缘呈 95° ～ 170° 弓形弧度，腹缘通常明

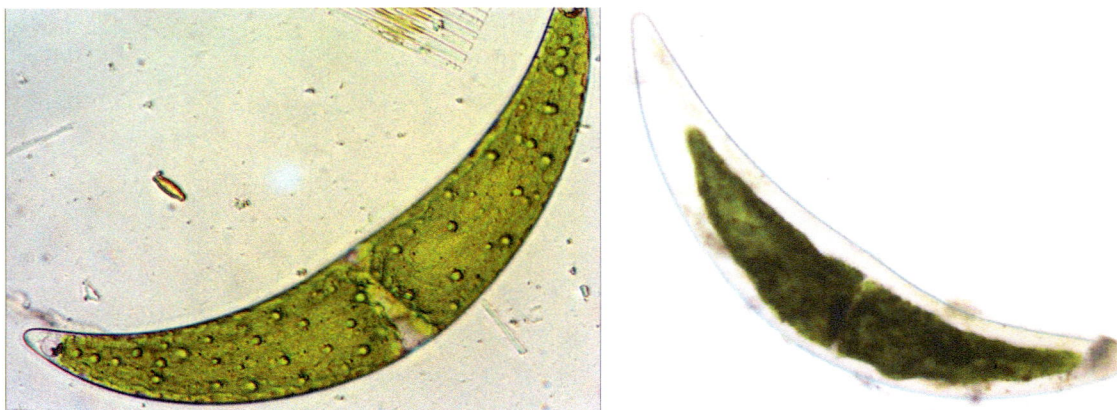

月牙新月藻 *Closterium cynthia*

显凹入，从中部逐渐向两端变狭，顶部钝圆；细胞壁黄褐色，在 10μm 中具 6 ～ 11 条线纹，具中间环带；色素体具 2 ～ 5 条纵脊，中轴具一列 3 ～ 7 个蛋白核，末端液泡通常具 1 个运动颗粒。细胞长 75 ～ 134μm，宽 9 ～ 13μm，顶部宽 2 ～ 4.5μm。接合孢子球形，壁平滑。

国内外普遍分布。

纤细新月藻 *Closterium gracile* Brébisson

细胞小，细长，线形，长为宽的 18 ～ 70 倍，细胞长度一半以上的两侧缘近平行，其后逐渐向两端变狭窄和背缘以 25° ～ 35° 弓形弧度向腹缘弯曲，顶端钝圆；细胞壁平滑，无色至淡黄色，具中间环带，有时不明显；色素体中轴具一纵列 4 ～ 7 个蛋白核，末端液泡具 1 个至数个运动颗粒。细胞长 211 ～ 784μm，宽 6.5 ～ 18μm，顶部宽 2 ～ 4μm。

在沼泽和永久性沼泽中常常大量存在。除南极外的世界所有陆地均有分布。

角星鼓藻属 *Staurastrum* Meyen

植物体为单细胞，一般长略大于宽（不包括刺或突起），绝大多数种类辐射对称，少数种类两侧对称及细胞侧扁，中间的缢使部分细胞呈两个半细胞，多数缢缝深凹，从内向外张开成锐角，有的为狭线形；半细胞正面观半圆形、近圆形、椭圆形、圆柱形、近三角形、四角形、梯形、碗形、杯形或楔形等，细胞不包括突起的部分称"细胞体部"，半细胞正面观的形状指半细胞体部的形状，许多种类半细胞顶角或侧角向水平方向、略向上或向下延长形成长度不等的突起，缘边一般波形，具数轮齿，其顶端平或具 2 个至多个刺，有的种类突起基部长出较小的突起，称"副突起"；垂直面观多数三角形至五角形，少数圆形、椭圆形、六角形或多至十一角形。

多数生长在贫营养或中营养的、偏酸性的水体中，是鼓藻类中主要的浮游种类，许多种类半细胞的顶角或侧角延长形成各种长度的突起，细胞常被球形的胶质包被，特别是浮游种类，因此适合浮游习性。

225.051μm

219.2μm

7.5μm

270.9μm

纤细新月藻 *Closterium gracile*

纤细角星鼓藻 *Staurastrum gracile* Ralfs ex Ralfs

细胞小到中等大小，细胞形状变化很大，长约为宽的 1.5 倍（不包括突起），缢缝较深凹入，顶端尖或"U"形，向外张开成锐角；半细胞正面观近杯形，顶缘宽、略凸出或平直，具一列中间凹陷的小瘤或成对的小颗粒，在缘边瘤或小颗粒下的缘内具数纵行小颗粒，顶角斜向上或水平向延长形成细长的突起，具数轮小齿，突起缘边波形，末端具 3 ～ 4 个刺；垂直面观三角形，少数四角形，侧缘平直，少数略凹入，缘边具一列中间凹陷的小瘤或成对的小颗粒，缘内具数列小颗粒，有时成对。细胞长 27 ～ 60μm，宽（包括突起）44 ～ 110μm，缢部宽 5.5 ～ 13μm。

生长在池塘、湖泊和沼泽中，浮游。国内外广泛分布。

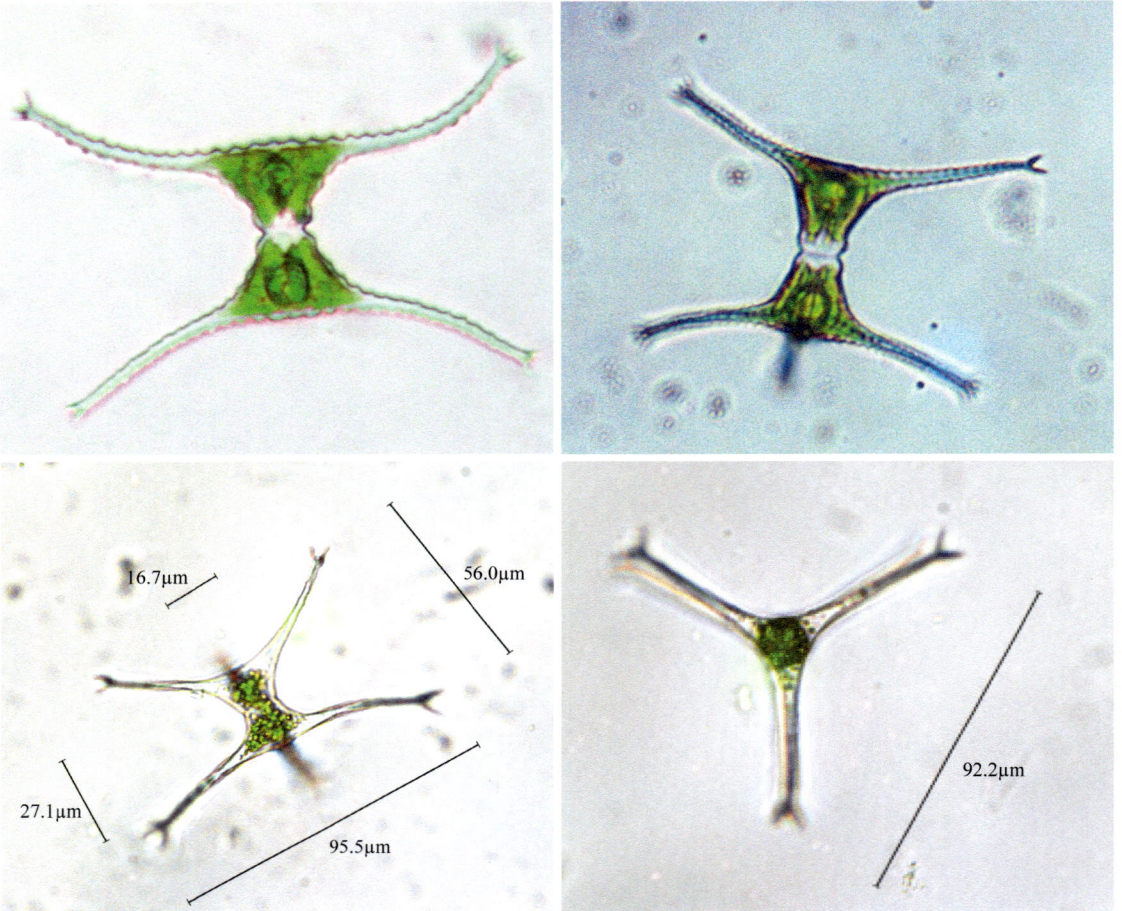

纤细角星鼓藻 *Staurastrum gracile*

钝齿角星鼓藻 *Staurastrum crenulatum* (Näg.) Delponte

细胞小，长略大于或略小于宽，缢缝深凹，向外张开近直角；半细胞正面观广卵形或近纺锤形，顶缘宽、平直或略凸起，中间常略高出，具一对中间微凹的瘤，顶角水平向延长形成中等长度的突起，具 3 ～ 4 轮小齿，缘边呈波状，末端具 3 ～ 4 个刺，腹缘明显凸出；垂直面观三角形至五角形，侧缘略凹入，缘内中间具一对中间微凹的瘤，角延长形成中等长度的突起，末端具 3 ～ 4 个刺。细胞长 19 ～ 32μm，宽 20 ～ 46μm，缢部宽 5 ～ 10μm。

生长在稻田、水沟、池塘、湖泊中，浮游。国内外广泛分布。

浮游角星鼓藻 *Staurastrum planctonicum* Teiling

细胞中等大小，长约为宽的 2 倍（不包括突起），缢缝浅并"U"形凹入，向外张开；半细胞正面观壶形或倒钟形，顶缘平截、波状，具一对双粒的瘤，顶角斜向上延伸形成长突起，

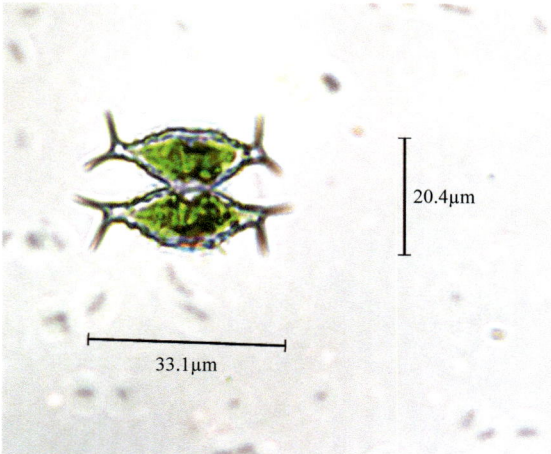

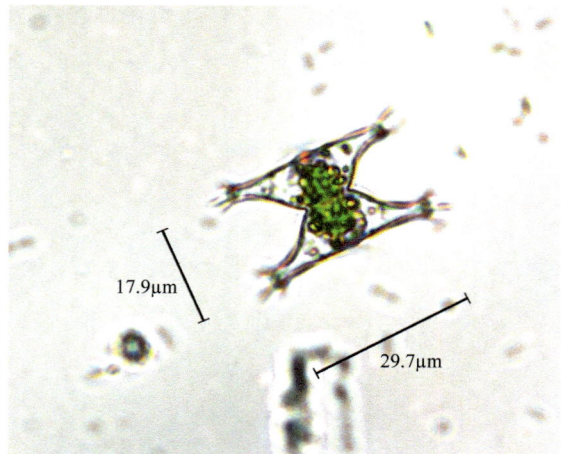

钝齿角星鼓藻 *Staurastrum crenulatum*

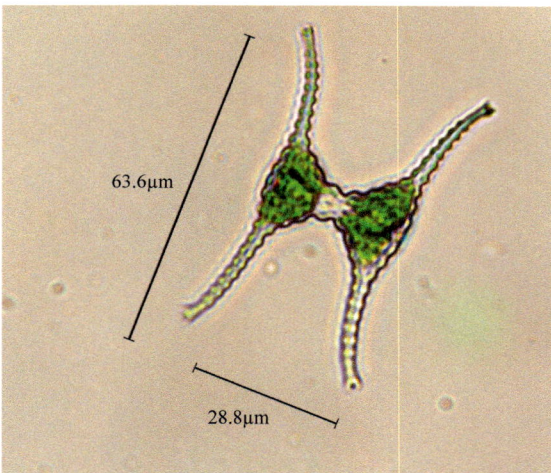

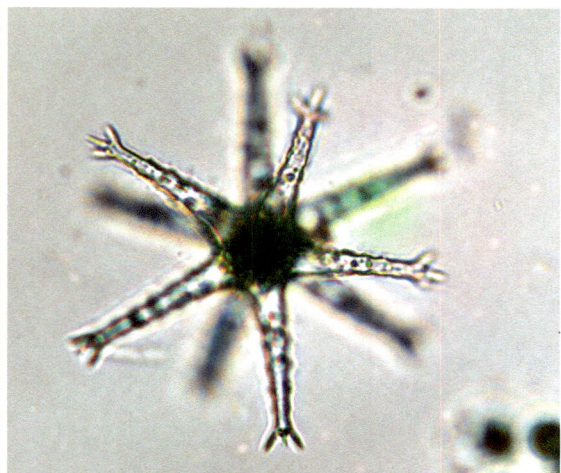

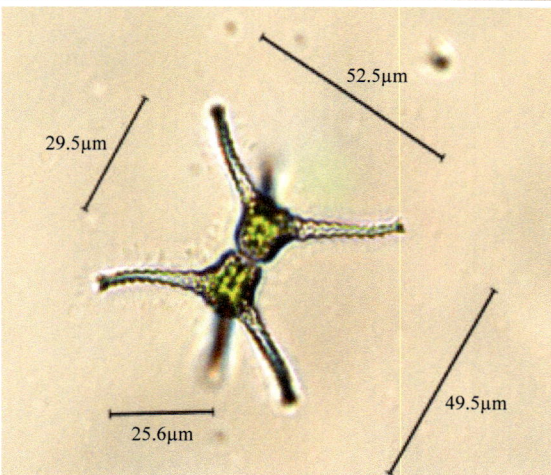

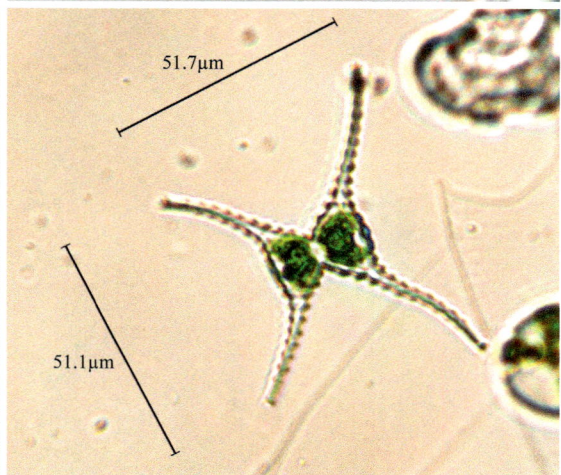

浮游角星鼓藻 *Staurastrum planctonicum*

其缘边波状，末端具 3 齿，侧缘略向上扩大达突起基部，基角圆；垂直面观三角形，侧缘直，缘内具一对双粒的瘤，角延长形成长突起，其缘边波状，末端具 3 齿。细胞长（包括突起）60～73μm，宽（包括突起）65～75μm，缢部宽 7～7.5μm。

通常生长在贫营养到弱富营养的池塘、湖泊中，浮游，有时附着于基质上。国内外一般性分布。

鼓藻属 *Cosmarium* Corda ex Ralfs

植物体为单细胞，细胞大小变化很大，侧扁，缢缝常深凹入，狭线形或张开；半细胞正面观近圆形、半圆形、椭圆形、卵形、梯形、长方形、方形或截顶角锥形等，顶缘圆，平直或平直圆形，半细胞缘边平滑或具波形、颗粒、齿等形状，半细胞中部有或无膨大或拱形隆起；半细胞侧面观绝大多数呈椭圆形或卵形；垂直面观椭圆形或卵形；细胞壁平滑，具点纹、圆孔纹、小孔、齿、瘤或具一定方式排列的颗粒、乳头状突起等；色素体轴生或周生，每个半细胞具 1 个、2 个或 4 个（极少数具 8 个），每个色素体具 1 个或数个蛋白核，有的种类具周生的带状色素体（具 6～8 条），每条色素体具数个蛋白核；细胞核位于两个半细胞之间的缢部。

在水坑、池塘、湖泊、水库、河流的沿岸带和沼泽等生境中存在。

在种类的描述中，细胞分小、中等大小或大三种类型，小的细胞一般在长 12～30μm、宽 10～20μm，中等大小的细胞一般在长 40～60μm、宽 30～40μm，大的细胞一般在长 70～190μm、宽 40～80μm。

短鼓藻 *Cosmarium abbreviatum* Raciborski

细胞小，长约等于或略小于宽，缢缝深凹，狭线形，顶端略膨大；半细胞正面观横长

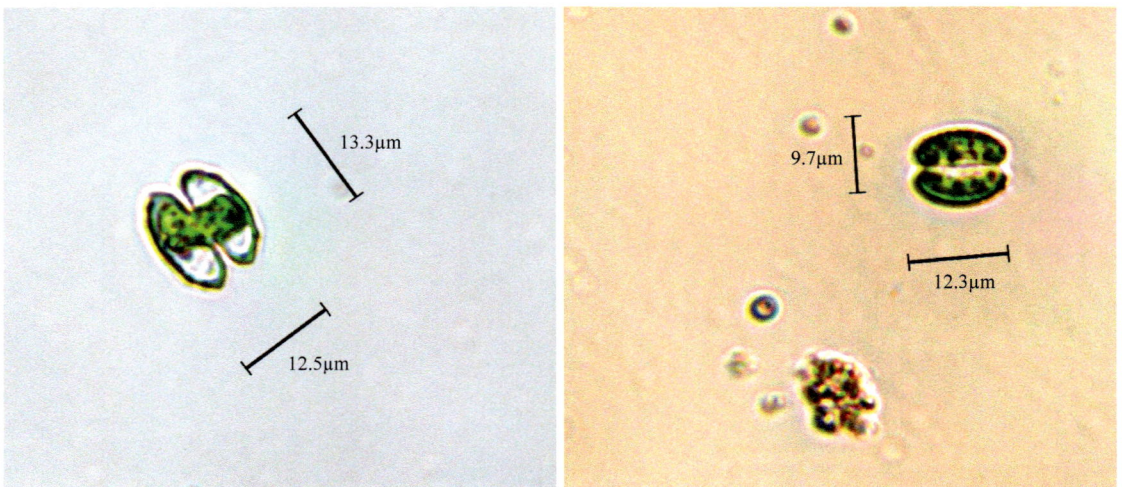

短鼓藻 *Cosmarium abbreviatum*

六角形至横角状卵形，顶缘宽、平截，直或略凹入，下部侧缘逐渐斜向扩大到半细胞的中部，上部侧缘逐渐向顶部辐合，中部的侧角略圆和有时略凸出；半细胞侧面观宽卵形至近圆形；垂直面观狭椭圆形，厚和宽的比约为 1 ∶ 2。细胞长 12.5 ～ 22μm，宽 13 ～ 22μm，缢部宽 5 ～ 7μm，厚 7 ～ 9.5μm。

生长在水坑、池塘、湖泊、水库和沼泽中。国内外广泛分布。

胡瓜鼓藻 *Cosmarium cucumis* Corda ex Ralfs

细胞中等大小至大型，长为宽的 1.5 ～ 1.7 倍，缢缝深凹，狭线形，外端略膨大；半细胞正面观半椭圆形或宽卵形，顶缘圆或略平直，顶角和基角圆；半细胞侧面观钝卵形；垂直面观椭圆形或椭圆形至长圆形，厚和宽的比约为 1 ∶ 1.3；细胞壁具精致和密集的点纹；半细胞具 6 ～ 8 条周生、不规则纵向带状的色素体，每条色素体具数个蛋白核。细胞长 57 ～ 102μm，宽 32 ～ 64μm，缢部宽 13 ～ 38μm，厚 21 ～ 38μm。

在稻田、池塘、湖泊、水库和沼泽中兼性浮游或附着于其他基质上。国内外广泛分布。

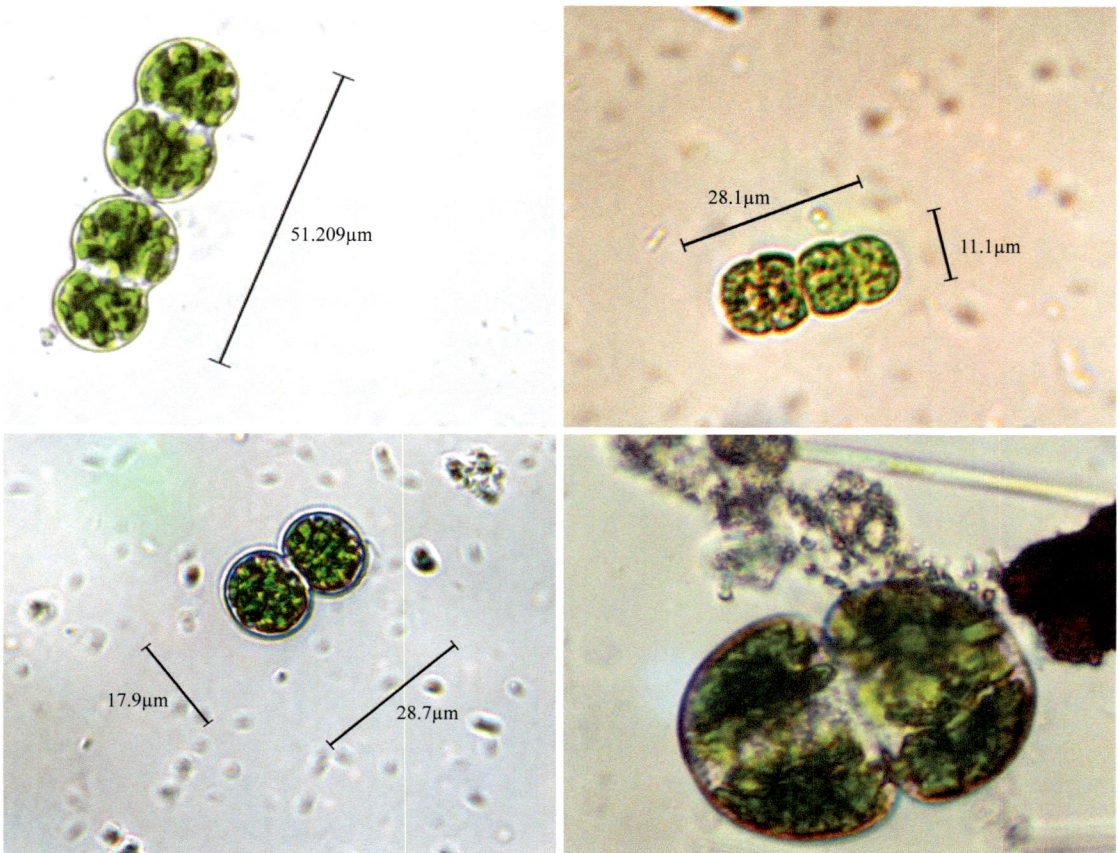

胡瓜鼓藻 *Cosmarium cucumis*

颗粒鼓藻 *Cosmarium granatum* Brébisson ex Ralfs

细胞小到中等大小，长为宽的 1.5 倍，缢缝深凹，狭线形，顶端略膨大；半细胞正面观截顶角锥形，顶部狭、平直或略凸出，少数略凹入，顶角钝圆，近基部两侧缘近平行，侧缘上部向顶部辐合，基角圆至近直角；半细胞侧面观椭圆形至卵形；垂直面观椭圆形，厚和宽的比约为 1 ∶ 1.6；细胞壁具精致的点纹；半细胞具 1 个轴生的色素体，具 1 个蛋白核。细胞长 21 ~ 50μm，宽 13 ~ 30μm，缢部宽 4.5 ~ 12μm，厚 10 ~ 24μm。

生长在酸性至中性的水坑、池塘、水库、湖泊和沼泽中。国内外广泛分布。

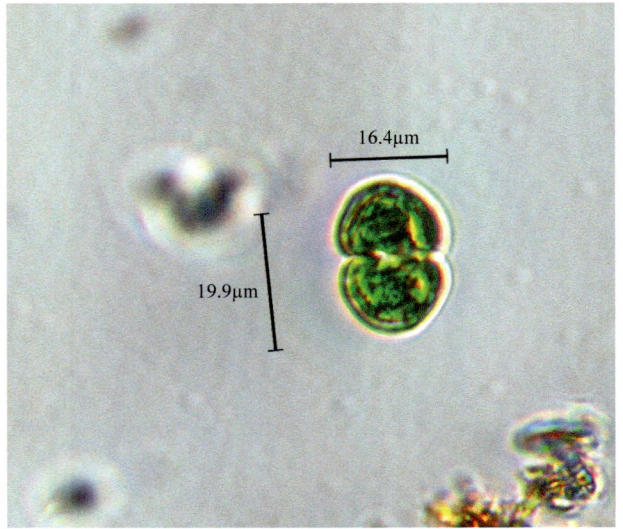

颗粒鼓藻 *Cosmarium granatum*

角丝鼓藻属 *Desmidium* Agardh ex Ralfs

植物体为不分枝的丝状体，常为螺旋状缠绕，少数直，有时具厚的胶被；细胞辐射对称，三角形或四角形，但有些种类细胞侧扁，细胞宽常大于长，缢缝浅或中等深度凹入；半细胞正面观横长方形、横狭长圆形、横长圆形至半圆形、截顶角锥形或桶形，顶部、顶角平直或具 1 个短的突起，与相邻半细胞的顶部或顶角的短突起彼此互相连接形成丝状体，相邻两个半细胞紧密连接无空隙或具一个椭圆形的空隙；垂直面观椭圆形，其侧缘具乳头状突起，有的为三角形或四角形，角广圆，侧缘中间略凹入。

角丝鼓藻 *Desmidium swartzii* Agardh ex Ralfs

丝状体细胞螺旋状扭转缠绕，常无明显的胶被；细胞大，三角形，宽约为长的 2.5 倍，缢缝中等深度凹入，顶端线形，向外中度张开；半细胞正面观狭长圆形，顶部宽、平直，中间略凹入，侧缘上部斜截向顶部辐合，下部斜向基部辐合，基角直角状圆形，每个半细胞的顶角具 1 个短的突起，与相邻半细胞的顶角的短突起互相连接形成丝状体，相邻两个半细胞之间的空隙很小，常难以辨认；垂直面观三角形，角尖圆，侧缘中间略凹入。细胞长 12 ~ 23μm，宽 32 ~ 52μm，缢部宽 22 ~ 42.5μm，顶部宽 30 ~ 43μm。

对各种水环境都有较强的耐受能力，但贫营养水体比在富营养水体更适宜此种的生长，存在于稻田和长有丝状藻类或高等水生维管植物的池塘、湖泊沿岸带和沼泽中。国内外广泛分布。

12.2μm

120.6μm

14.8μm

角丝鼓藻 *Desmidium swartzii*

硅藻门 Bacillariophyta

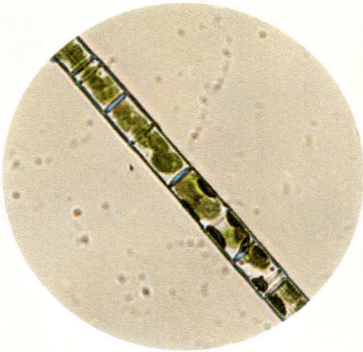

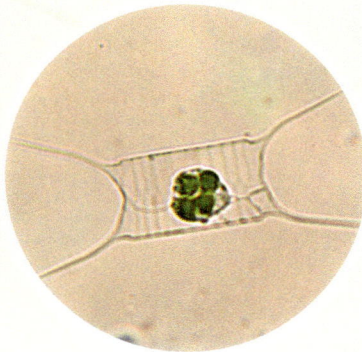

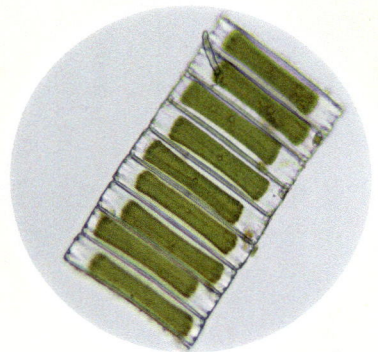

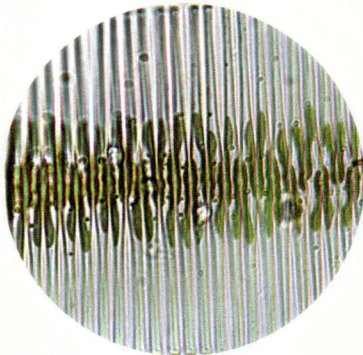

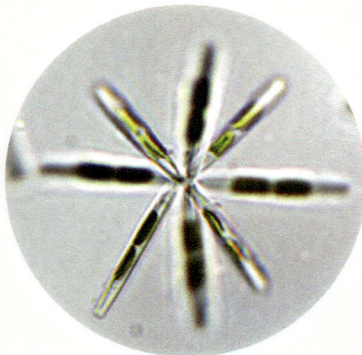

中心纲 Centricae

圆筛藻目 Coscinodiscales

圆筛藻科 Coscinodiscaceae

直链藻属 *Melosira* Agardh

植物体由细胞的壳面互相连成链状群体，多为浮游；细胞圆柱形，极少数为圆盘形、椭圆形或球形；壳面圆形，很少数为椭圆形，平或凸起，有或无纹饰，有的带面常有 1 条线形的环状缢缩，称"环沟"，环沟间平滑，其余部分平滑或具纹饰，有两条环沟时，两条环沟间的部分称"颈部"，细胞间有沟状的缢入部，称"假环沟"，壳面常有棘或刺；色素体小圆盘状，多数。

生长在池塘、浅水湖泊、沟渠、水流缓慢的河流及溪流中。

颗粒直链藻 *Melosira granulata* (Ehr.) Ralfs

群体长链状，细胞以壳盘缘刺彼此紧密连成；群体细胞圆柱形，壳盘面平，具散生的圆点纹，壳盘缘除两端细胞具不规则的长刺外，其他细胞具小短刺；点纹形

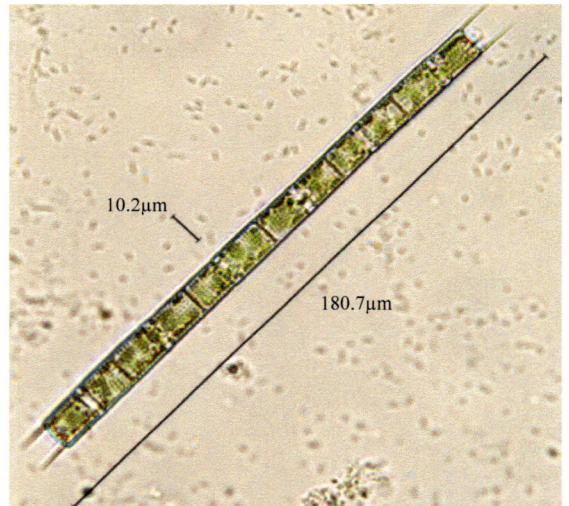

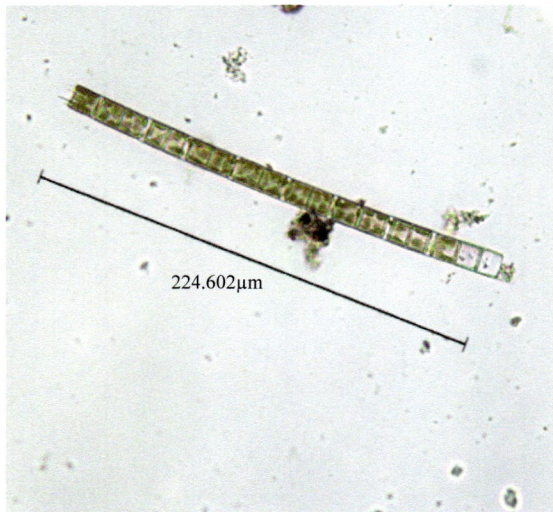

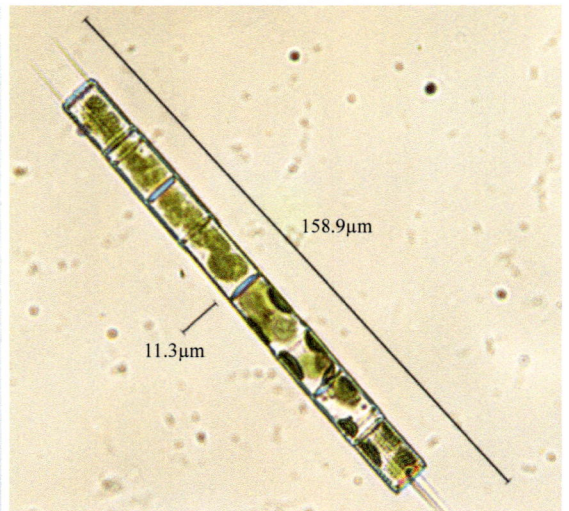

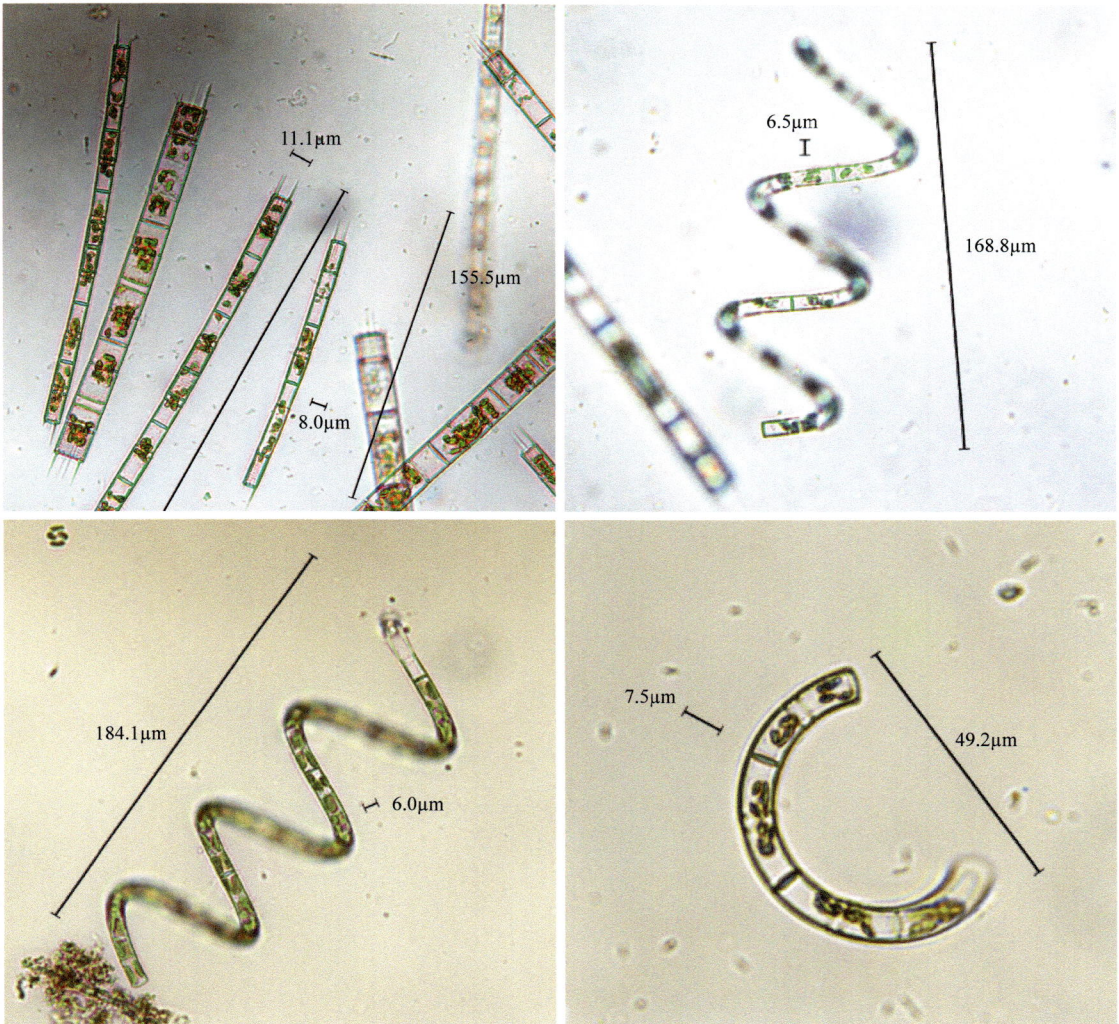

颗粒直链藻 *Melosira granulata*

状不规则，常呈方形或圆形，端细胞为纵向平行排列，其他细胞均为斜向螺旋状排列，点纹多型，为粗点纹、粗细点纹或细点纹；壳套面发达，壳壁厚，环沟和假环沟呈"V"形；具深镶的较薄的环状体；颈部明显。点纹 10μm 内 8～15 条，每条具 8～12 个点纹；细胞直径 4.5～21μm，高 5～24μm。

　　生长在江河、湖泊、池塘、沼泽等各种水体中，尤其在富营养湖泊或池塘中大量出现，浮游。国内外广泛分布。

小环藻属 *Cyclotella* Kützing ex Brébisson

　　植物体为单细胞或由胶质或小棘连接成的疏松链状群体，多为浮游；细胞鼓形，壳面圆形，极少数为椭圆形，呈同心圆皱褶的同心波曲，或与切线平行皱褶的切向波曲，绝少数平直；纹饰有边缘区和中央区之分，边缘区具辐射状线纹或肋纹，中央区平滑或具点纹、斑纹，部分种类壳缘具小棘；少数种类带面具间生带；色素体小盘状，多数。

生长在池塘、浅水湖泊、沟渠、沼泽、水流缓慢的河流及溪流中，大多数为浮游种类。

花环小环藻 *Cyclotella operculata* **Kützing**

单细胞，圆盘形；壳面圆形，呈切向波曲；边缘区宽度约为半径的1/2，具细密的辐射状线纹，略呈不规则波曲，在10μm内10～17条，近壳缘处具一轮粗短纹；中央区具散生细点纹。细胞直径4～8μm。

生长在湖泊、池塘等静止水体中，有时出现在河流中，浮游。国内外普遍分布。

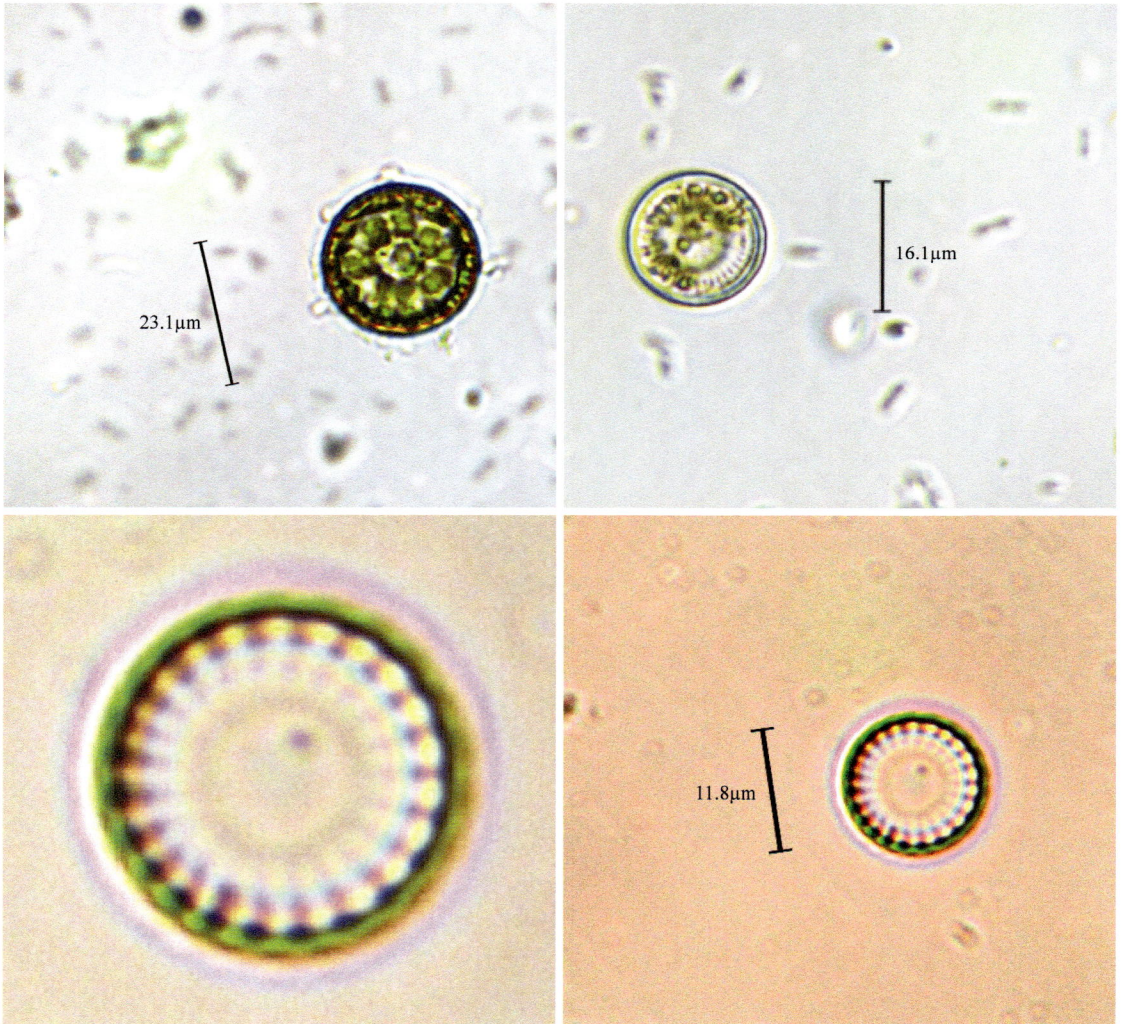

花环小环藻 *Cyclotella operculata*

根管藻目 Rhizosoleniales

管形藻科 Solenicaceae

根管藻属 *Rhizosolenia* Ehrenberg

植物体为单细胞或由几个细胞连成直的、弯的或螺旋状的链状群体，浮游；细胞长棒形或长圆柱形，直或略弯，细胞壁很薄，具规律排列的细点纹，在光学显微镜下不能分辨；带面常具多数呈鳞片状、环状或领状的间生带；壳面圆形或椭圆形，具帽状或圆锥状凸起，凸起末端延长成或长或短的刚硬棘刺；色素体小颗粒状或小圆盘状，多数，少数种类为较大的盘状或片状。

湖泊中常见的真性浮游种类。

长刺根管藻 *Rhizosolenia longiseta* Zacharias

细胞长棒形，侧扁，有背腹之分；带面具发达的半环形的间生带；壳面椭圆形，具弯圆锥形的帽状体，末端具 1 条细长刚硬的棘刺，刺长接近于或明显超过细胞长度；色素体小圆盘状，2 ～ 4 个。细胞长 70 ～ 200μm，直径 4 ～ 10μm，刺长 80 ～ 200μm。

生长在池塘、水库、湖泊、河流中，多数生长在富营养的水体中，浮游。国内外普遍分布。

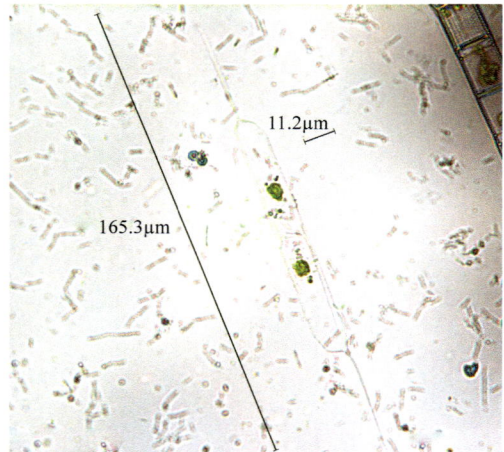

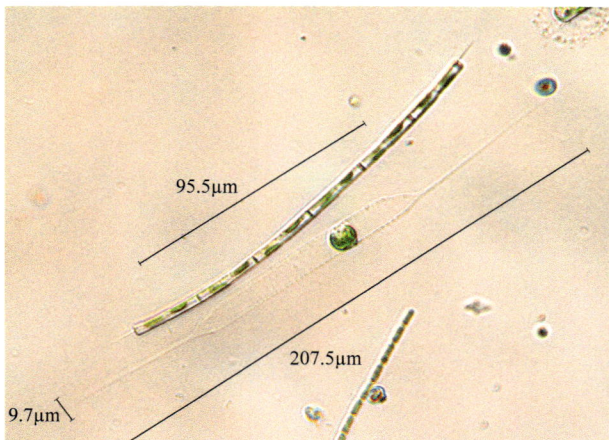

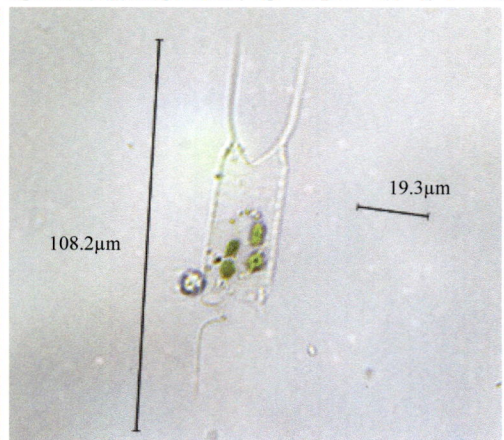

长刺根管藻 *Rhizosolenia longiseta*

盒形藻目 Biddulphiales

盒形藻科 Biddulphiaceae

四棘藻属 *Attheya* West

植物体为单细胞或由 2～3 个细胞互相连成的暂时性链状群体；细胞扁圆柱形，细胞壁极薄，平滑或具通常难以分辨的细点纹；带面长方形，具许多半环状间生带，末端楔形，无隔片；壳面扁椭圆形，中部凹入或凸出，由每个角状凸起延长成 1 条粗而长的刺；色素体小盘状，多数。

生长在池塘、湖泊、河流中，多为富营养水体，浮游种类。

扎卡四棘藻 *Attheya zachariasi* Brun

单细胞或由 2～3 个细胞互相连成的暂时性短链状群体；细胞扁椭圆形，细胞壁极薄；带面具多数环状间生带，末端楔形，无隔片；壳面扁椭圆形，中部凹入，由每个角状凸起延长成 1 条粗而坚硬的长刺；色素体小盘状，4 个。细胞长 35～110μm，宽 11.5～42μm，

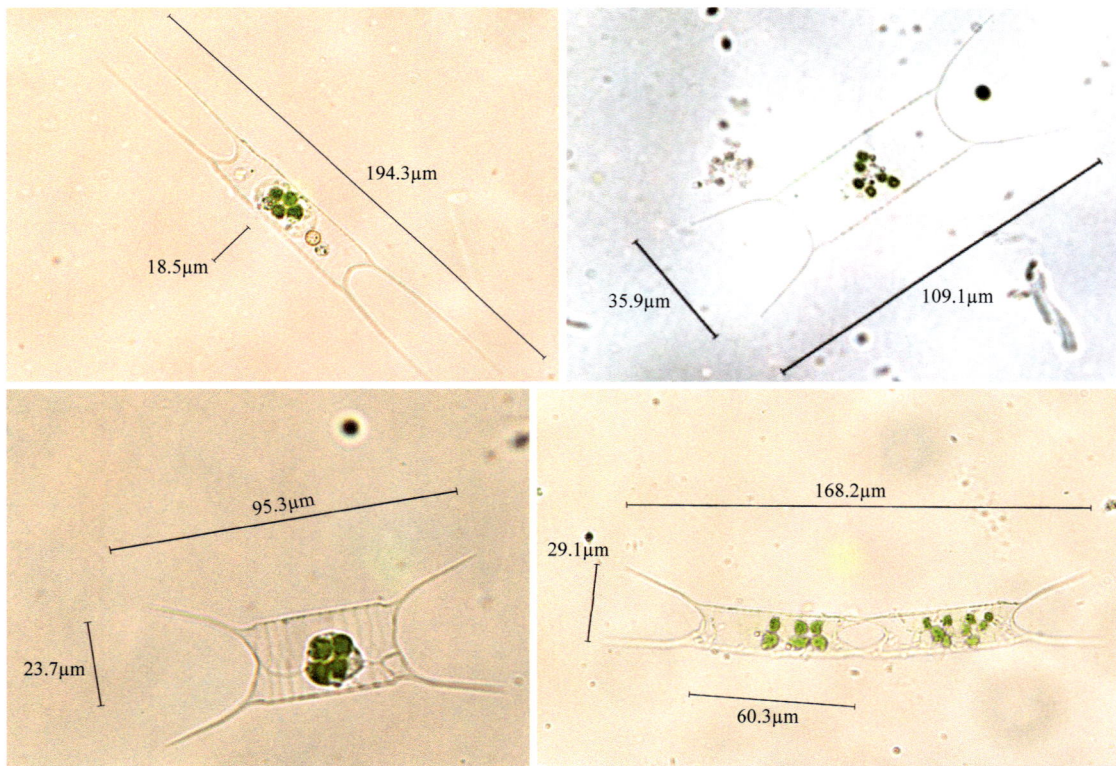

扎卡四棘藻 *Attheya zachariasi*

刺长 12.5 ～ 100μm。

　　生长在池塘、湖泊、河流中，多为富营养水体，浮游。国内外普遍分布。

羽纹纲 Pennatae

无壳缝目 Araphidiales

脆杆藻科 Fragilariaceae

等片藻属 *Diatoma* De Candolle

　　植物体由细胞连成带状、"Z"形或星形的群体；壳面线形至椭圆形、椭圆披针形或披针形，有的种类两端略膨大；假壳缝狭窄，两侧具细横线纹和肋纹，黏液孔（唇形突）很清晰；带面长方形，具 1 至多数间生带，无隔膜；色素体椭圆形，多数。

　　生长在湖泊、池塘、河流中，多为沿岸带着生种类。

普通等片藻 *Diatoma vulgare* Borger

　　细胞连成"Z"形群体；壳面线形披针形或椭圆披针形，中部略凸，逐渐向两端

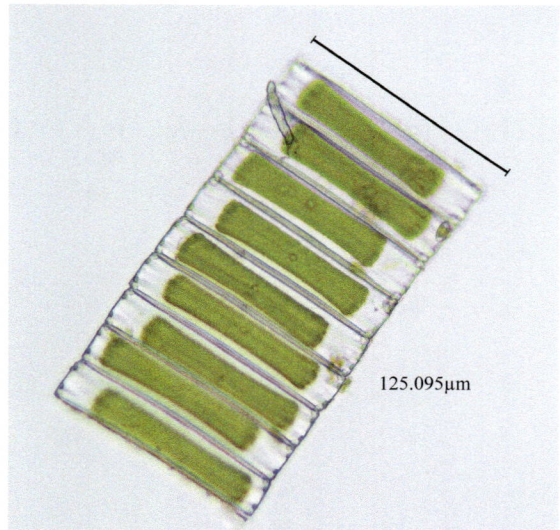

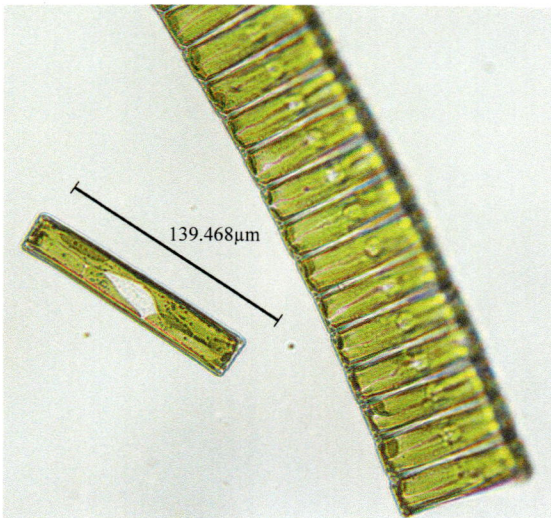

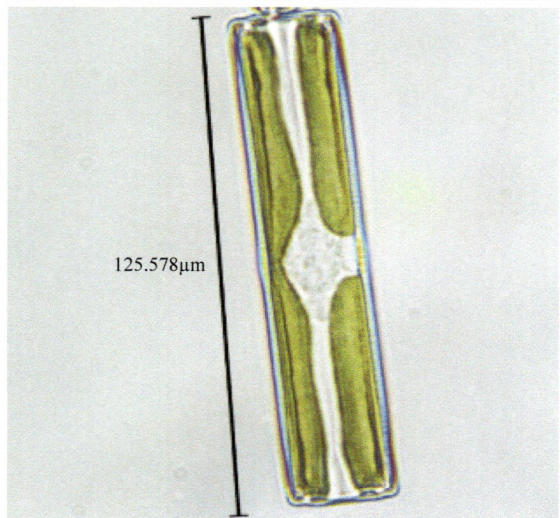

125.095μm

139.468μm

125.578μm

普通等片藻 *Diatoma vulgare*

狭窄，顶端喙状，壳面一端具一个唇形突；假壳缝线形，很狭窄，其两侧具横肋纹和肋纹间具横线纹，线纹在 $10\mu m$ 内 $20\sim25$ 条，肋纹在 $10\mu m$ 内 $6\sim10$ 条；带面长方形，角圆，间生带数目少。细胞长 $30\sim60\mu m$，宽 $10\sim15\mu m$。

生长在池塘、湖泊、河流中，沿岸带着生种类，偶然性浮游种类。国内外广泛分布。

脆杆藻属 *Fragilaria* Lyngbye

植物体由细胞互相连成带状群体，或以每个细胞的一端相连成"Z"状群体；壳面细长线形、长披针形、披针形至椭圆形，两侧对称，中部缘边略膨大或缢缩，两侧逐渐狭窄，末端钝圆，小头状或喙状；上下壳的假壳缝狭线形或宽披针形，其两侧具横点状线纹；带面长方形，无间生带和隔膜；色素体小盘状，多数，或片状，$1\sim4$ 个，具 1 个蛋白核。

生长在池塘、沟渠、湖泊、缓流的河流中。

连接脆杆藻 *Fragilaria construens* (Ehr.) Grunow

细胞常互相连成带状群体；壳面菱形，中部明显地向两侧凸出，两端狭窄，末端钝圆；

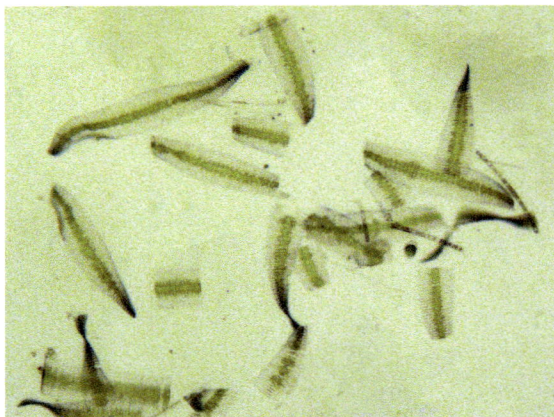

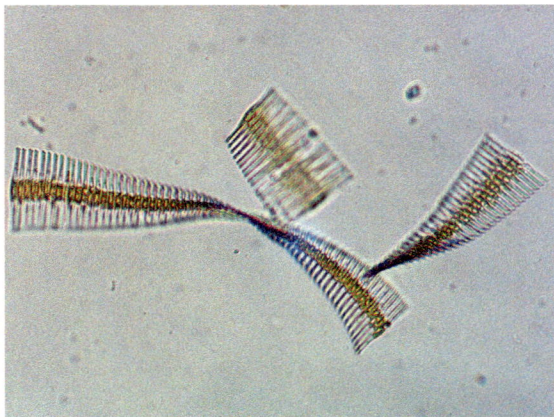

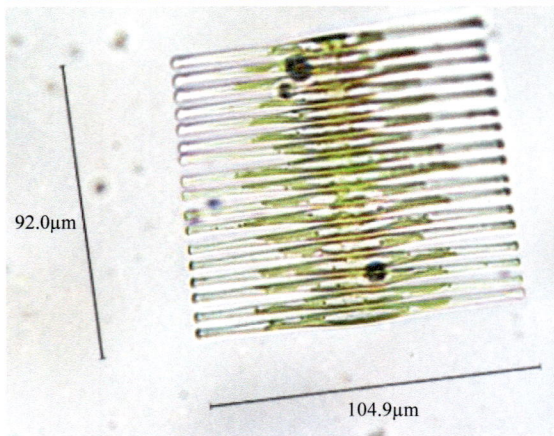

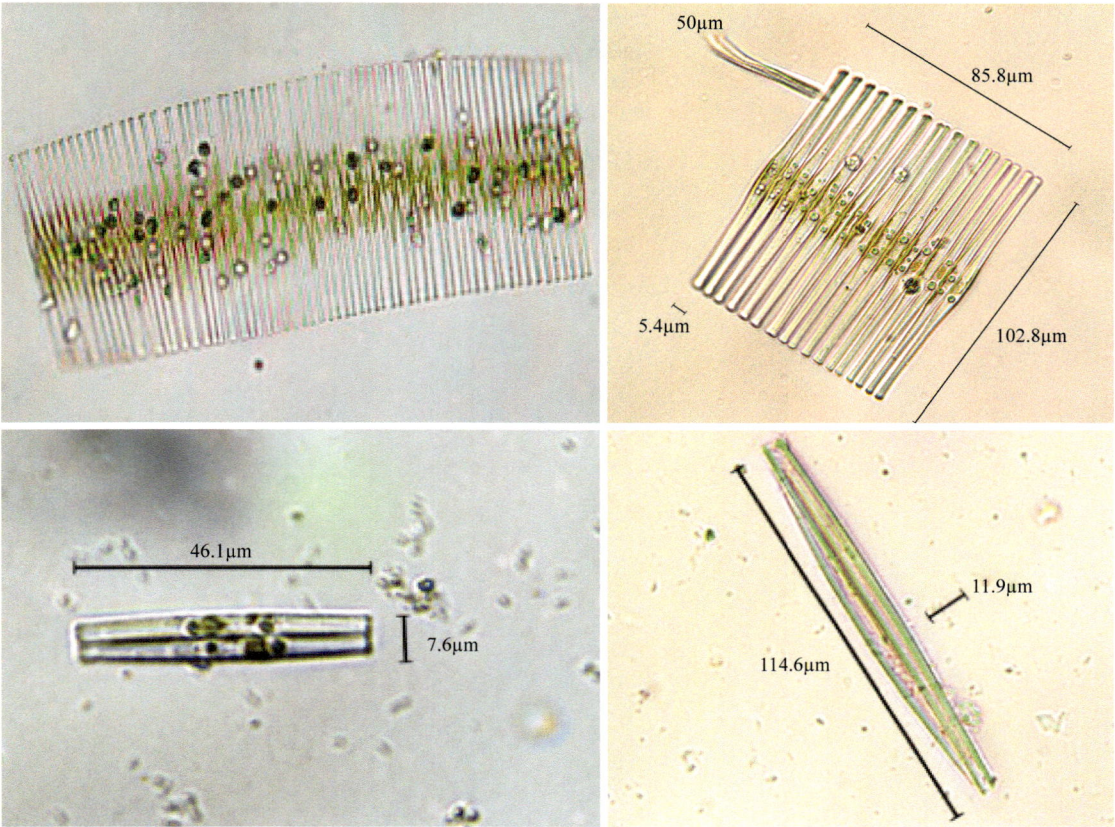

连接脆杆藻 *Fragilaria construens*

假壳缝线形至线形披针形，中部较宽，横线纹略呈放射状排列，在 10μm 内 12 ～ 18 条。细胞长 7 ～ 25μm，宽 3.5 ～ 12μm。

生长在池塘、湖泊、水库、山溪、泉水、沼泽中。国内外普遍分布。

钝脆杆藻 *Fragilaria capucina* Desmaziéres

细胞常互相连成带状群体；壳面长线形，近两端逐渐略狭窄，末端略膨大，钝圆形；假壳缝线形，横线纹细，在 10μm 内 8 ～ 17 条，中心区矩形，无线纹。细胞长 25 ～ 220μm，宽 2 ～ 8μm。

生长在池塘、沟渠、湖泊、缓流的河流中，偶然性浮游种类，也存在于半咸水中。国内外广泛分布。

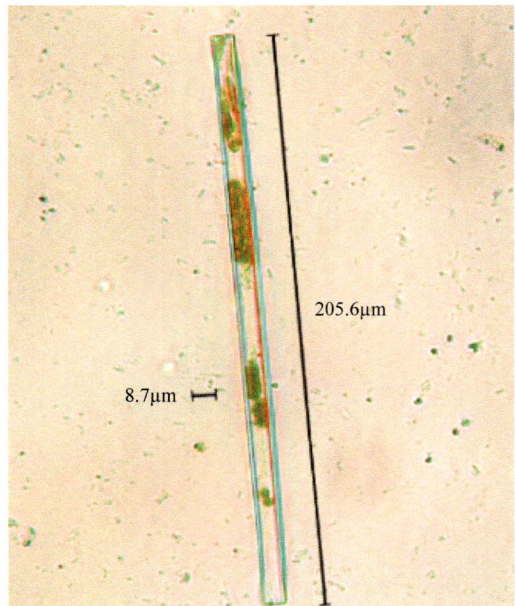

钝脆杆藻 *Fragilaria capucina*

针杆藻属 *Synedra* Ehrenberg

植物体为单细胞，或者丛生呈扇形或以每个细胞的一端相连成放射状群体，罕见形成短带状，但不形成长的带状群体；壳面线形或长披针形，从中部向两端逐渐狭窄，末端钝圆或呈小头状；假壳缝狭窄，线形，其两侧具横线纹或点纹，壳面中部常无花纹；带面长方形，末端截形，具明显的线纹带；无间插带和隔膜，壳面末端有或无黏液孔（胶质孔）；色素体带状，位于细胞的两侧。

生长在池塘、沟渠、湖泊、河流中，浮游或着生在基质上。

尖针杆藻 *Synedra acus* Kützing

壳面披针形，中部宽，从中部向两端逐渐狭窄，末端圆形或近头状；假壳缝狭窄，线形，中央区长方形，横线纹细、平行排列，在 10μm 内 10 ～ 18 条；带面细线形。细胞长 62 ～ 300μm，宽 3 ～ 6μm。

生长在池塘、湖泊等各种淡水中。国内外广泛分布。

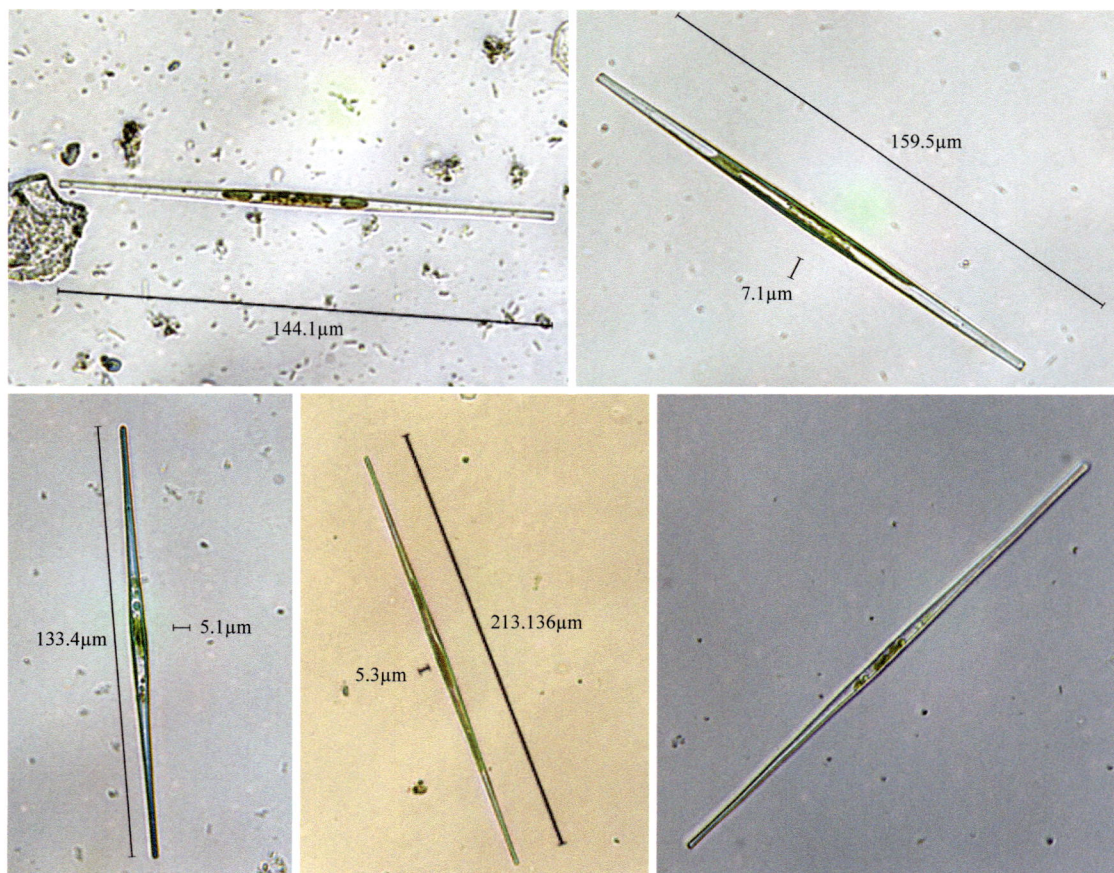

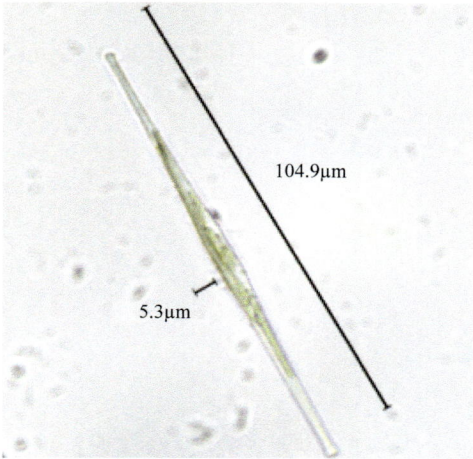

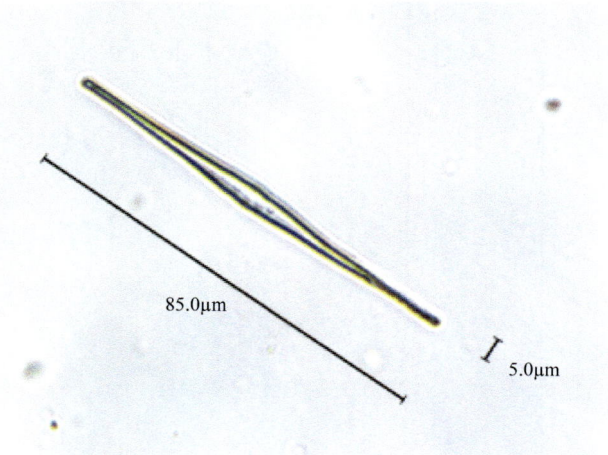

尖针杆藻 *Synedra acus*

星杆藻属 *Asterionella* Hassall

壳体长形，常形成星状群体，壳体在壳面或壳环面观有大小不等的末端。没有出现隔片和间生带。壳面观一端比另一端大，头状。其他一端可能是头状或有所变异。壳面长轴对称。假壳缝窄，不明显。横线纹清晰。

生长在池塘、湖泊等各种淡水中。国内外广泛分布。

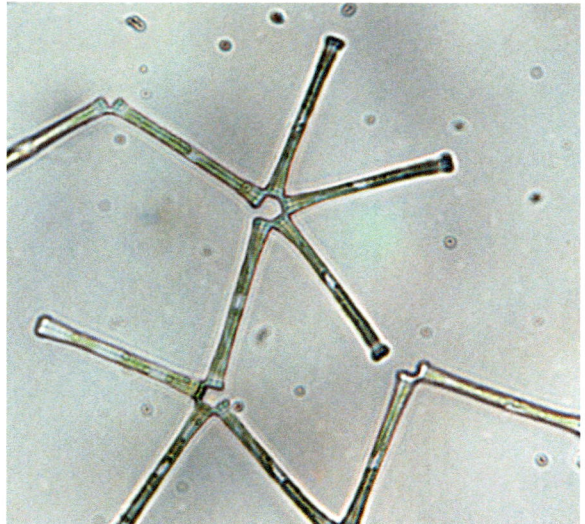

美丽星杆藻 *Asterionella formosa* Hassall

细胞长轴对称，两端不对称，一

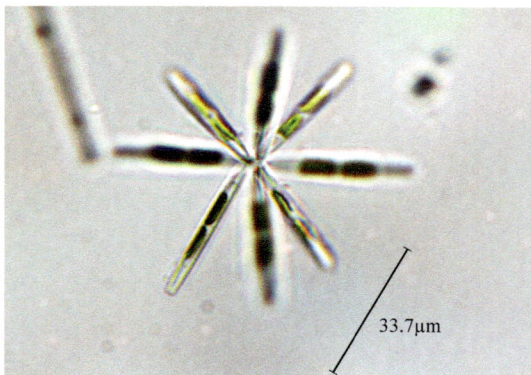

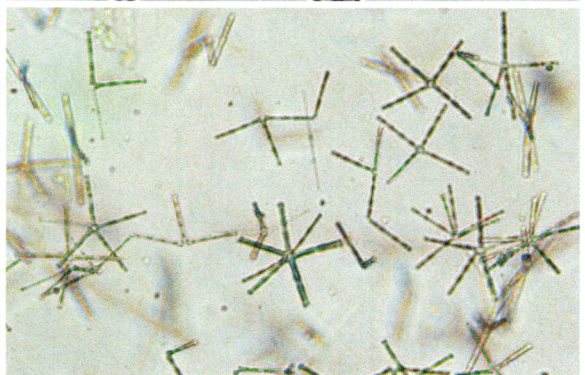

美丽星杆藻 *Asterionella formosa*

端较宽，头状；细胞相互连成放射星状群体。壳面仅具细线纹。细胞长 40 ～ 130μm，宽 1 ～ 3μm。

淡水浮游种，常生长在湖泊、水库、稻田甚至潮湿岩壁。

双壳缝目 Biraphidinales

舟形藻科 Naviculaceae

布纹藻属 *Gyrosigma* Hassall

植物体为单细胞，偶尔在胶质管内；壳面"S"形，从中部向两端逐渐尖细，末端渐尖或钝圆，中轴区狭窄，"S"形至波形，中部中央节处略膨大，具中央节和极节，壳缝"S"形弯曲，壳缝两侧具由纵线纹和横线纹"十"字形交叉构成的布纹；带面呈宽披针形，无间生带；色素体片状。

生长在湖泊、水库中，浮游。

尖布纹藻 *Gyrosigma acuminatum* (Kütz.) Rabenhorst

壳面披针形，略呈"S"形弯曲，近两端圆锥形，末端钝圆，中央区长椭圆形，壳缝两侧具由纵线纹和横线纹"十"字形交叉构成的布纹，纵线纹和横线纹粗细相等，在 10μm 内 16 ～ 22 条。细胞长 82 ～ 200μm，宽 11 ～ 20μm。

生长在湖泊、池塘、泉水、河流中。国内外广泛分布。

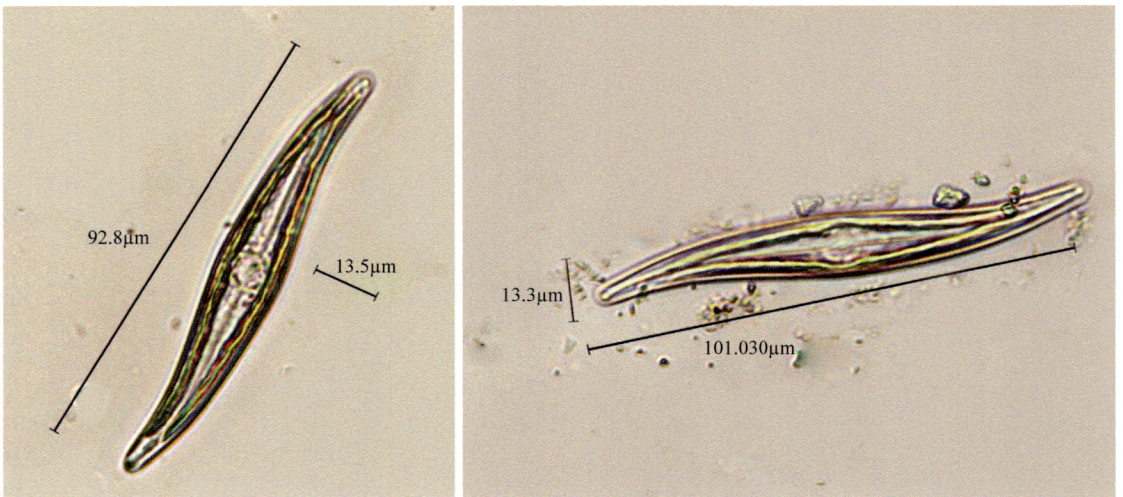

尖布纹藻 *Gyrosigma acuminatum*

舟形藻属 *Navicula* Bory

植物体为单细胞，浮游；壳面线形、披针形、菱形或椭圆形，两侧对称，末端钝圆、近头状或喙状；中轴区狭窄，线形或披针形，壳缝线形，具中央节和极节，中央节圆形或椭圆形，有的种类极节扁圆形，壳缝两侧具点纹组成的横线纹，或者布纹、肋纹或窝孔纹，一般壳面中间部分的线纹数较两端的线纹数略稀疏，在种类的描述中，在 10μm 内的线纹数指壳面中间部分的线纹数；带面长方形，平滑，无间生带，无真的隔片；色素体片状或带状。

生长在淡水、半咸水及海水中。

双球舟形藻 *Navicula amphibola* Cleve

壳面椭圆状披针形至线形披针形，近两端明显变狭并延长，末端呈喙状，顶端平截圆形；中轴区狭窄，中央区大、横矩形，壳缝两侧具点纹组成的横线纹，略呈放射状斜向中央区，在中央区两侧具长短不一的横线纹，在 10μm 内 6 ～ 10 条，点纹在 10μm 内 12 ～ 16 个。细胞长 31 ～ 80μm，宽 11.5 ～ 23μm。

生长在池塘、湖泊、河流、泉水、沼泽中。国内外普遍分布。

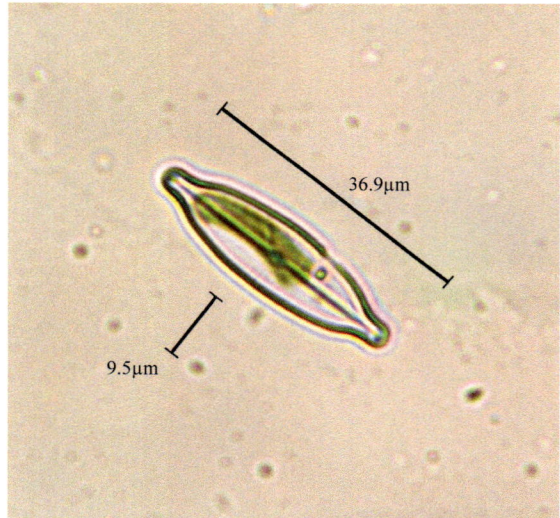

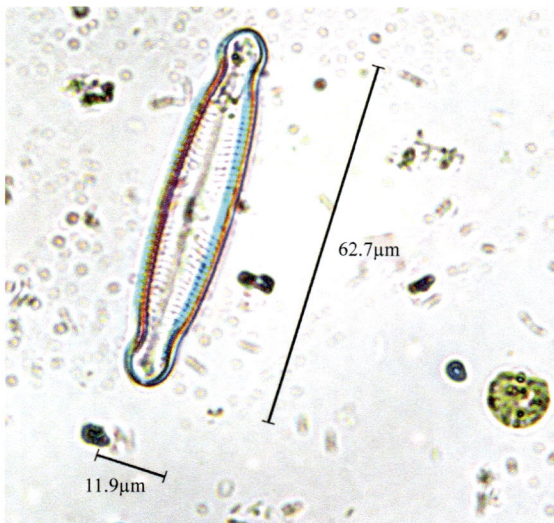

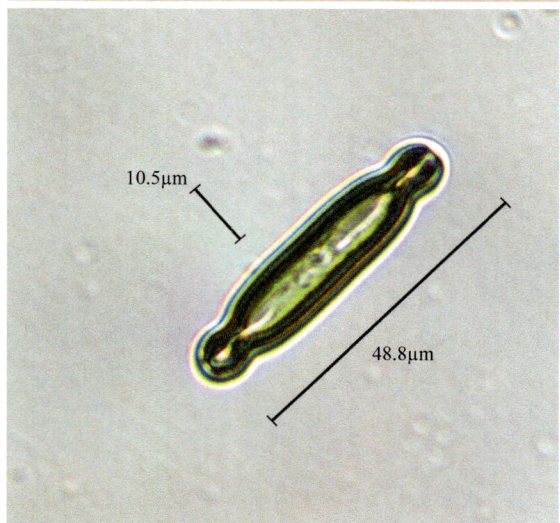

双球舟形藻 *Navicula amphibola*

隐头舟形藻 *Navicula cryptocephala* Kützing

壳面披针形，两端延长，末端呈头状至喙头状；中轴区狭窄，中央区横向放宽，常呈不规则形，壳缝两侧的横线纹很细，呈放射状斜向中央区，两端近平行或斜向极节，在 10μm 内 16～24 条。细胞长 13～45μm，宽 4～9μm。

生长在稻田、水坑、池塘、湖泊、水库、河流、溪流、沼泽中，着生在潮湿岩壁上。国内外广泛分布。

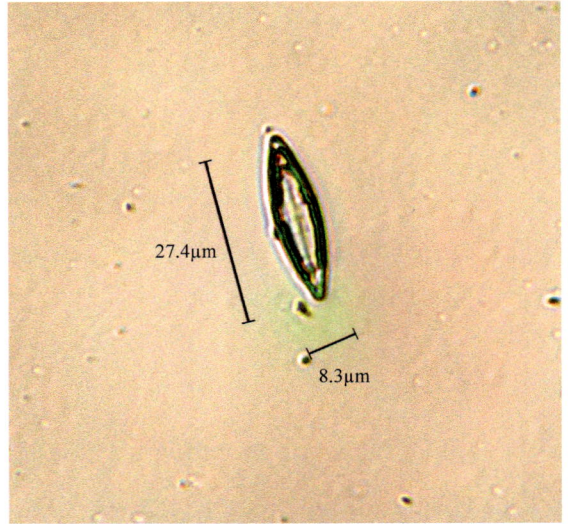

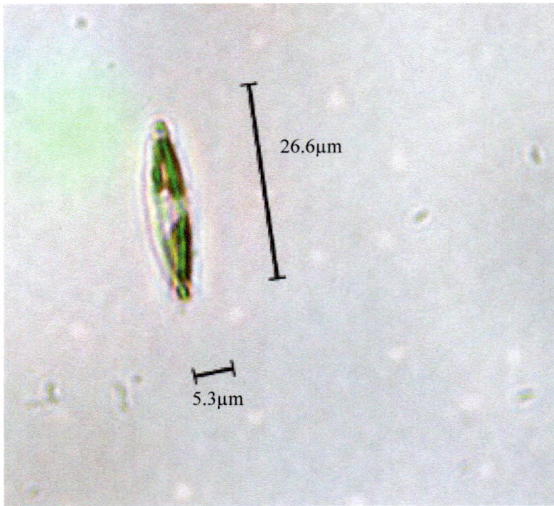

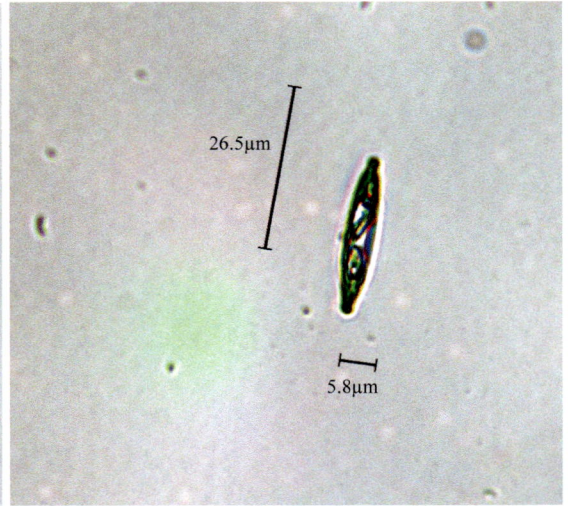

隐头舟形藻 *Navicula cryptocephala*

尖头舟形藻 *Navicula cuspidata* (Kütz.) Kützing

壳面菱形披针形或披针形，向两端逐渐狭窄，末端呈喙状；中轴区狭窄，中央区略放宽，壳缝两侧的横线纹平行排列，与纵向平行排列的纵线纹互相呈"十"字形交叉成布纹，横线纹由点纹组成，在 10μm 内 11～19 条，纵线纹在 10μm 内 22～28 条。细胞长 49.5～170μm，宽 14.5～37μm。

生长在稻田、水坑、池塘、湖泊、水库、河流、泉水、沼泽中。国内外广泛分布。

小型舟形藻 *Navicula minuscula* Grunow

壳面椭圆形至披针形，向两端逐渐变狭，末端圆，呈喙状；中轴区狭窄，中央区狭窄，

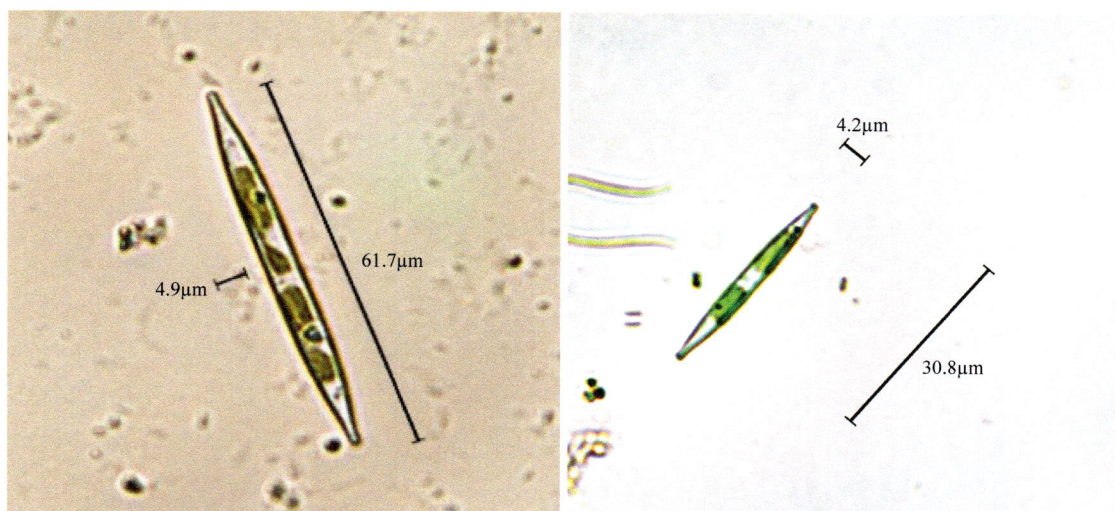

尖头舟形藻 *Navicula cuspidata*

与中轴区相同，壳缝两侧的横线纹除中间部分近平行外，均略呈放射状斜向中间部分，在10μm 内 30 ～ 40 条。细胞长 11 ～ 19μm，宽 3.5 ～ 8μm。

生长在稻田、水坑、池塘、湖泊、河流、溪流、沼泽中。国内外普遍分布。

长圆舟形藻 *Navicula oblonga* (Kütz.) Kützing

壳面线形披针形，逐渐向两端狭窄，末端截圆形；中轴区明显，中央区中等大小，圆形，壳缝线形，并具有明显的末端沟，极节明显，壳缝两侧的横线纹粗，横线纹绝大部分呈放射状斜向中央区，近两端略斜向极节，在 10μm 内 5 ～ 14 条。细胞长 44 ～ 220μm，宽 13 ～ 24μm。

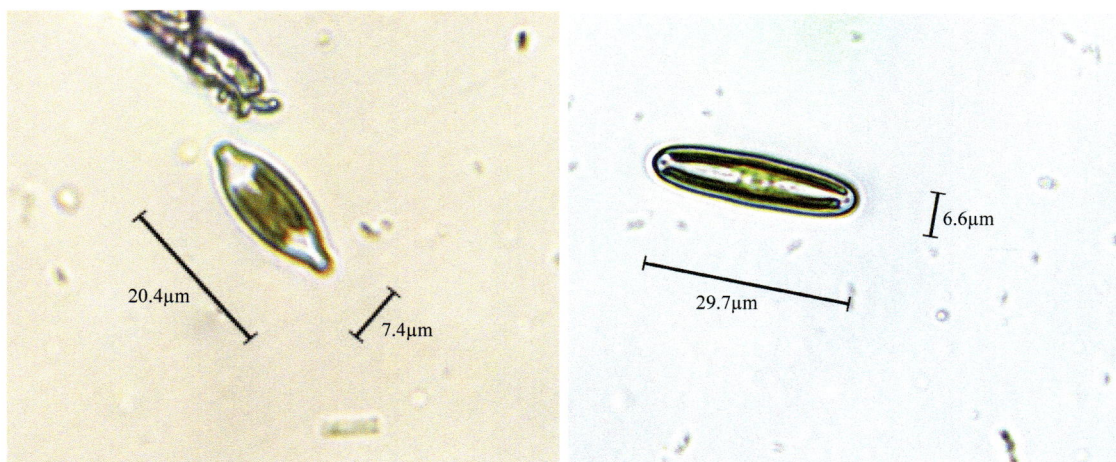

小型舟形藻 *Navicula minuscula*

长圆舟形藻 *Navicula oblonga*

生长在水坑、池塘、湖泊、河流、溪流、沼泽中，存在于淡水或半咸水。国内外广泛分布。

桥弯藻科 Cymbellaceae

桥弯藻属 *Cymbella* Agardh

植物体为单细胞，或为分枝或不分枝的群体，浮游或着生，着生种类细胞位于短胶质柄的顶端或者在分枝或不分枝的胶质管中；壳面两侧不对称，明显有背腹之分，背侧凸出，腹侧平直或者中部略凸出或略凹入，新月形、线形、半椭圆形、半披针形、舟形或菱形披针形，末端钝圆或渐尖；中轴区两侧略不对称，具中央节和极节；壳缝略弯曲，少数近直，其两侧具横线纹，一般壳面中间部分的横线纹较近两端的横线纹略稀疏，在种类的描述中，在 10μm 内的横线纹数指壳面中间部分的横线纹数；带面长方形，两侧平行，无间生带和隔膜；色素体侧生，片状，1 个。

多数生长在淡水中，少数在半咸水中。

近缘桥弯藻 *Cymbella affinis* Kützing

壳面近披针形至近椭圆形，有明显的背腹之分，背缘凸出，腹缘略凸出或近平直，两端短喙状，末端钝圆至截形；中轴区狭窄，中央区略扩大，近圆形；壳缝偏于腹侧，腹侧中央区具 1 个单独的点纹，横线纹放射状斜向中央区，两端略斜向极节，在背侧中部 10μm 内 7～13 条，腹侧中部 10μm 内 8～14 条，较密。细胞长 20～70μm，宽 6～16μm。

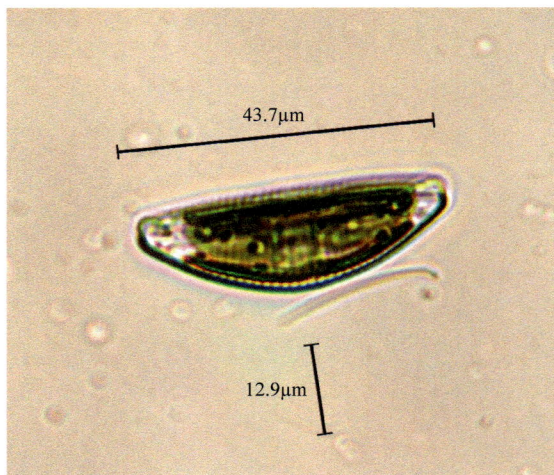

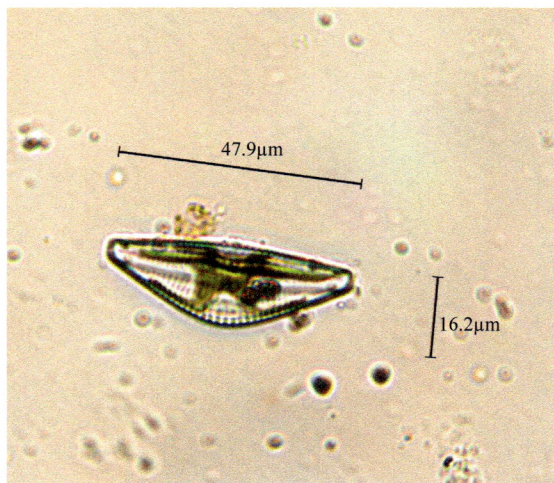

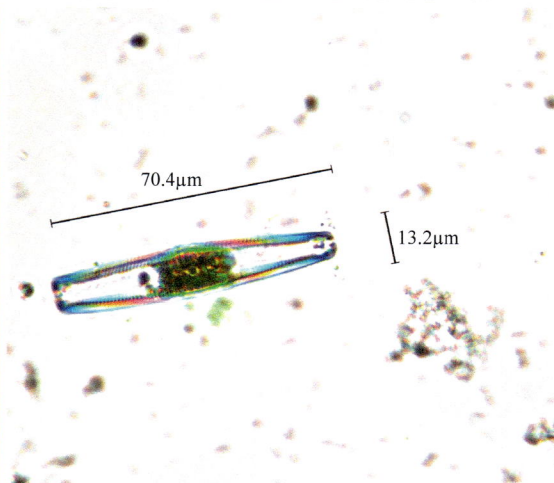

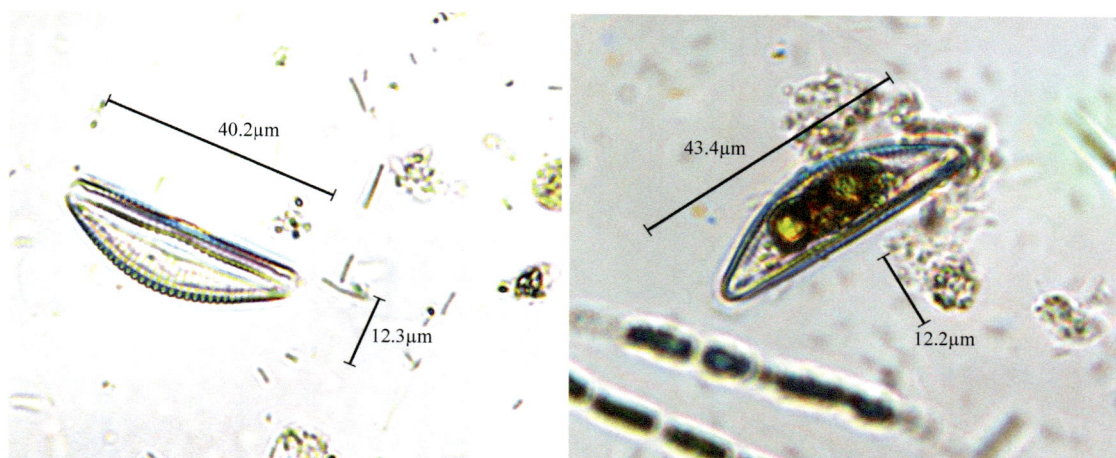

近缘桥弯藻 *Cymbella affinis*

生长在稻田、水坑、池塘、水库、湖泊、河流中。国内外广泛分布。

异极藻科 Gomphonemaceae

异极藻属 *Gomphonema* Ehrenberg

植物体为单细胞，或者为不分枝或分枝的树状群体，细胞位于胶质柄的顶端，以胶质柄着生在基质上，有时细胞从胶质柄上脱落成为偶然性的单细胞浮游种类；壳面上下两端不对称，上端宽于下端，两侧对称，呈棒形、披针形或楔形；中轴区狭窄、直，中央区略扩大，有些种类在中央区一侧具 1 个、2 个或多个单独的点纹，具中央节和极节；壳缝两侧具由点纹组成的横线纹；带面多呈楔形，末端截形，无间生带，少数种类在上端具横隔膜；色素体侧生，片状，1 个。

尖顶异极藻 *Gomphonema augur* Ehrenberg

壳面棒状，最宽处位于上端近顶端处，前端平圆形，顶端中间凸出呈尖楔形或喙状，向下逐渐狭窄，下部末端尖圆；中轴区狭窄、线形，中央区一侧具 1 个单独的点纹，壳缝两侧中部横线纹近平行，两端逐渐呈放射状排列，在中间部分 10μm 内 9 ～ 18 条。细胞长 17.5 ～ 54μm，宽 5.5 ～ 15μm。

生长在稻田、水坑、池塘、湖泊、水库、河流、溪流、沼泽中。国内外广泛分布。

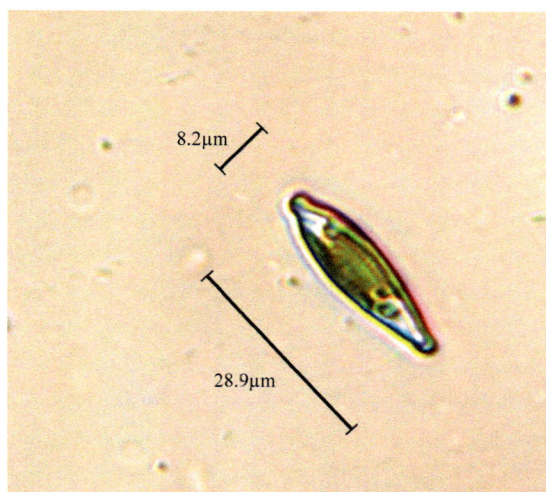

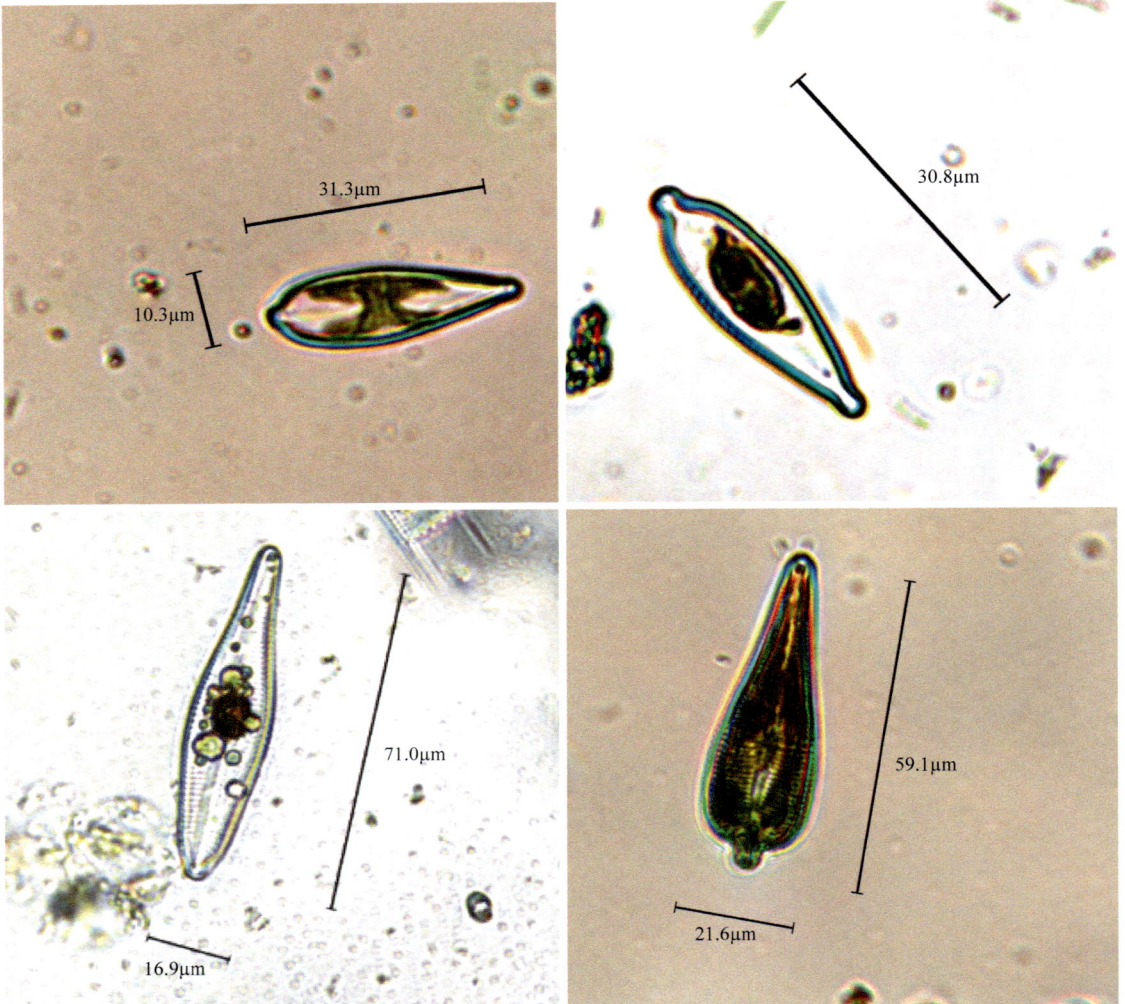

尖顶异极藻 *Gomphonema augur*

管壳缝目 Aulonoraphidinales

双菱藻科 Surirellaceae

双菱藻属 *Surirella* Turpin

　　植物体为单细胞，浮游；壳面线形、椭圆形、卵圆形或披针形，平直或螺旋状扭曲，中部缢缩或不缢缩，两端同形或异形，上下两个壳面的龙骨及翼状构造围绕整个壳缘，龙骨上具管壳缝，在翼沟内的管壳缝通过翼沟与细胞内部相联系，管壳缝内壁具龙骨点，翼沟通称肋纹，横肋纹或长或短，肋纹间具明显或不明显的横线纹，横贯壳面，壳面中部具明显或不明显的线形或披针形的空隙；带面矩形或楔形；色素体侧生，片状，1个。

端毛双菱藻 *Surirella capronii* Brébisson

　　细胞两端异形、不等宽；壳面卵形，上端的末端钝圆形，下端的末端近圆形，上下两端的中间具1个基部膨大的棘状突起，上端的大于下端，下端有时消失，棘状突起顶端具1短刺；龙骨发达、宽，翼状突起明显，横肋纹略呈放射状斜向中部，在10μm内1.5～2条；带面广楔形。细胞长120～350μm，宽58～125μm。

　　生长在稻田、水坑、池塘、湖泊、河流中。国内外广泛分布。

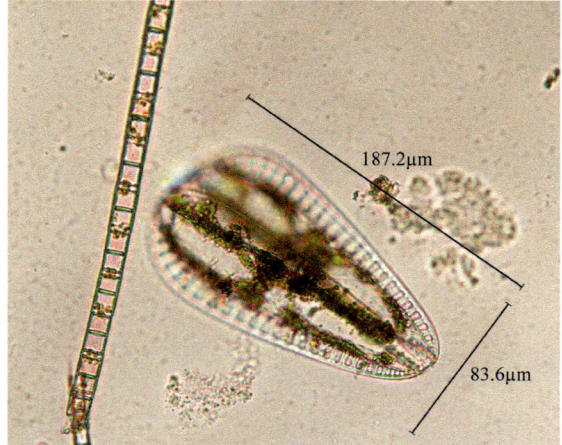

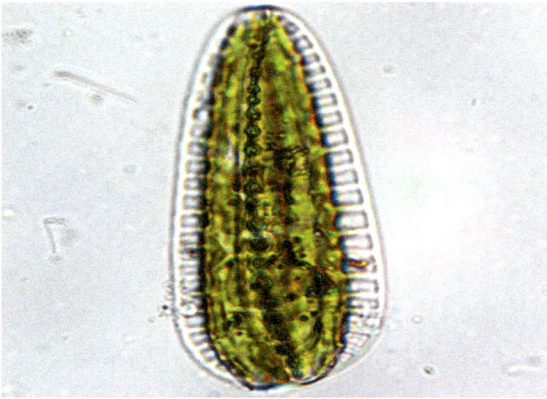

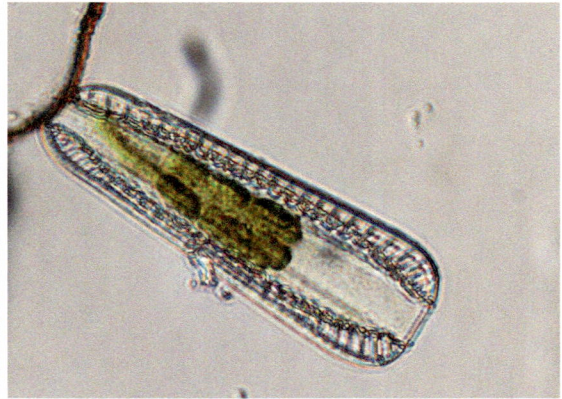

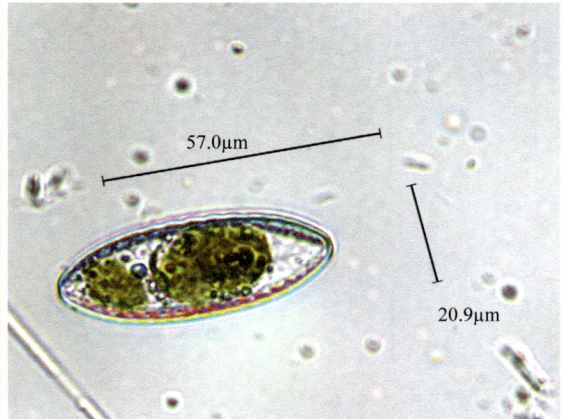

端毛双菱藻 *Surirella capronii*

蓝藻门 Cyanophyta

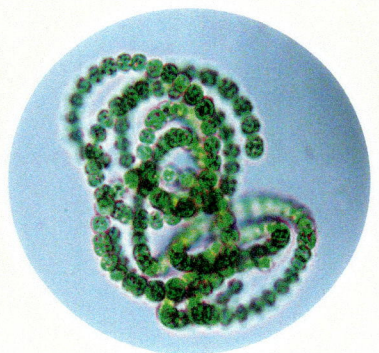

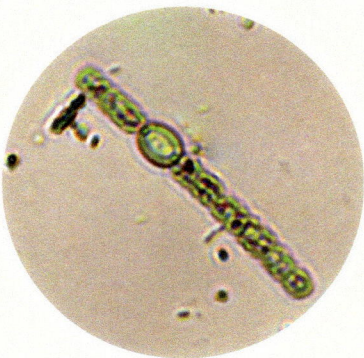

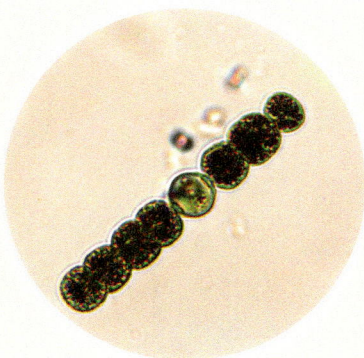

蓝藻纲 Cyanophyceae

色球藻目 Chroococcales

微囊藻科 Microcystaceae

微囊藻属 *Microcystis* Kütz.

植物团块由许多小群体联合组成，微观或目力可见；自由漂浮于水中或附生于水中其他基物上；群体球形、椭圆形或不规则形，有时在群体上有穿孔，形成网状或窗格状团块；群体胶被无色、透明，少数种类具有颜色；细胞球形或椭圆形；群体中细胞数目极多，排列紧密而有规律；原生质体浅蓝绿色、亮蓝绿色或橄榄绿色；营漂浮生活种类的细胞中常含有气囊；非漂浮的种类，细胞内原生质体大都均匀，无假空胞；以细胞分裂进行繁殖，有 3 个分裂面。

有不少种类会形成水华。

假丝微囊藻 *Microcystis pseudofilamentosa* Crow.

植物团块蓝绿色，漂浮于水面；群体细长呈假丝状体，其大小差别较大，长 150 ～ 300μm 及以上，有时可达 500μm，宽 17 ～ 35μm；丝体每隔相当的距离有一收缩，使整个藻丝体成一串分节的串联体；群体胶被明显或不十分明显；细胞球形，直径 2.5 ～ 6.5μm；原生质体淡蓝绿色或亮蓝绿色，具气囊。

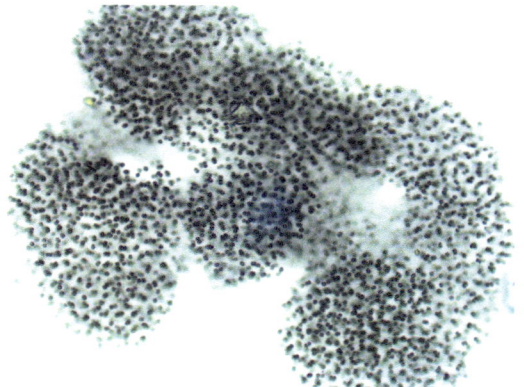

假丝微囊藻 *Microcystis pseudofilamentosa*

不定微囊藻 *Microcystis incerta* Lemm.

植物团块为橄榄绿色的胶群体，群体球形或亚球形，常常集合成较大团块；群体胶被柔软、透明，质地均匀，无层理；细胞小，球形，直径 1 ～ 2μm，紧密排列在群体中央；细胞浅蓝绿色或亮蓝绿色；原生质体均匀，无气囊。

鱼害微囊藻 *Microcystis ichthyoblabe* Kütz.

群体薄，内含多数小群体，蓝绿色；小群体球形；群体胶被黏质，大群体胶被明显，小群体胶被常与大群体胶被融合；细胞球形，直径 2 ～ 3μm，细胞在小群体中排列密集；原生质体蓝绿色，具气囊。

231.970μm

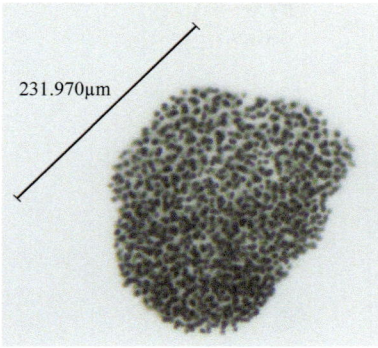

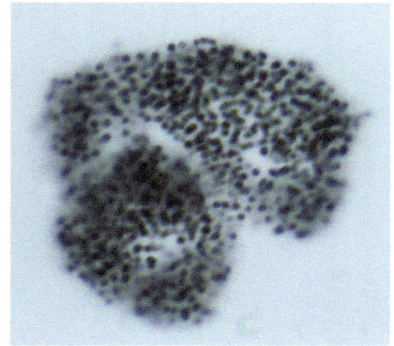

不定微囊藻 *Microcystis incerta*

鱼害微囊藻 *Microcystis ichthyoblabe*

坚实微囊藻 *Microcystis firma* (Breb. et Lemm.) Schmidle

群体小，棕褐色，扁平状，硬胶质性，坚硬黏滑；群体胶被不十分明显；细胞球形，直径 0.8 ～ 2.3μm；原生质体灰蓝绿色，均匀，具气囊。

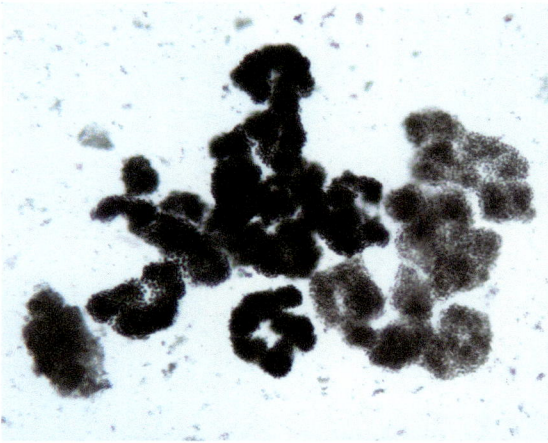

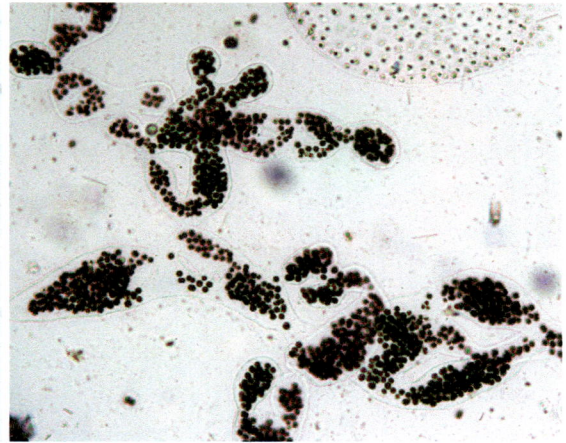

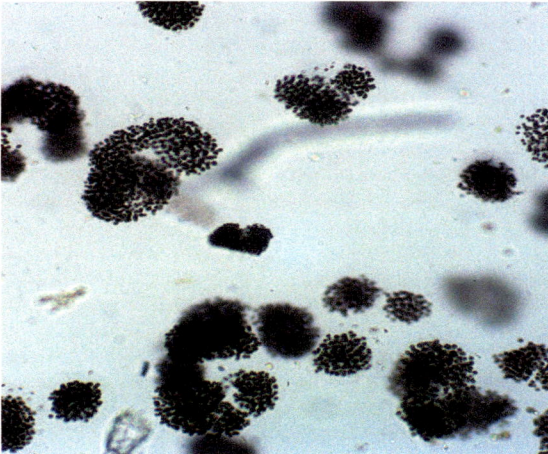

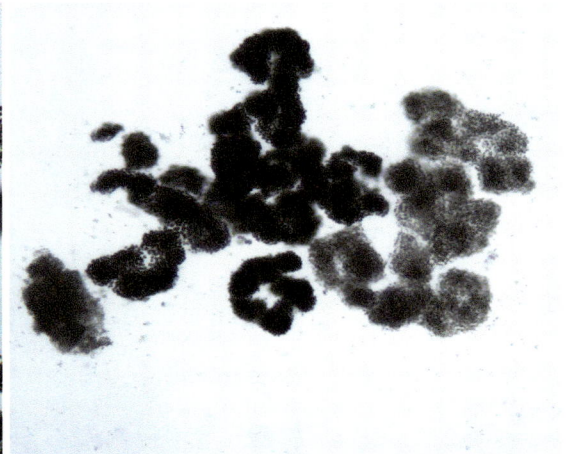

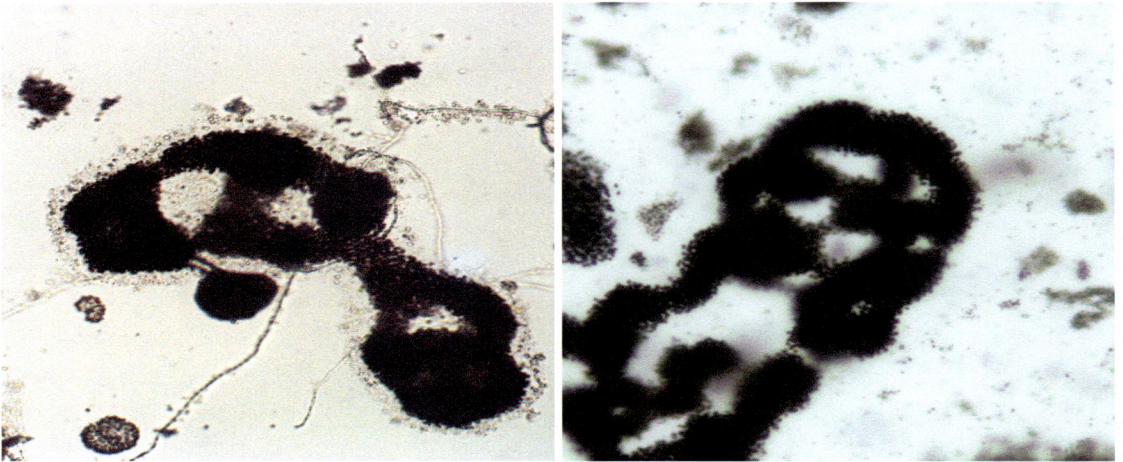

坚实微囊藻 *Microcystis firma*

色球藻科 Chroococcaceae

色球藻属 *Chroococcus* Näg.

植物体少数为单细胞，多数为 2～6 个以至更多（很少超过 64 个或 128 个）细胞组成的群体；群体胶被较厚，均匀或分层，透明或黄褐色、红色、紫蓝色；细胞球形或半球形，个体细胞胶被均匀或分层；原生质体均匀或具有颗粒，灰色、淡蓝绿色、蓝绿色、橄榄绿色、黄色或褐色，气囊有或无；细胞有 3 个分裂面。

粘连色球藻 *Chroococcus cohaerens* (Breb.) Näg.

植物团块由 2～4 个或 8 个细胞组成，群体胶被薄而无色，不分层；小群体之间往往以其侧面互相粘连成一黏胶状的片状体；细胞半球形或球形，直径 2.2～6μm；原生质体均匀或略具有颗粒体，蓝绿色。

生长在静止水体中。

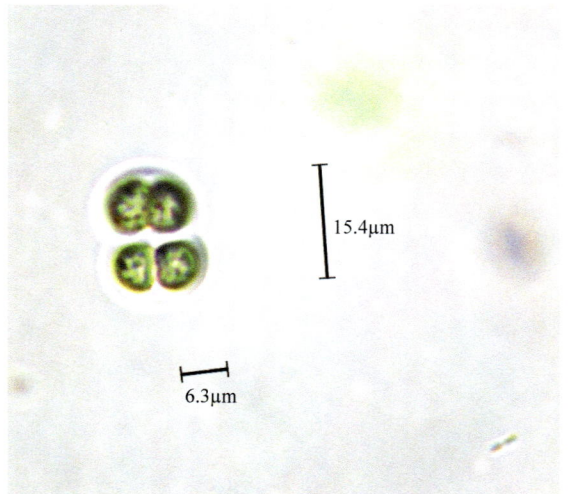

粘连色球藻 *Chroococcus cohaerens*

平裂藻科 Merismopediaceae

平裂藻属 *Merismopedia* Meyen

群体小，由一层细胞组成平板状；群体胶被无色、透明、柔软；群体中细胞排列整齐，通常两个细胞为一对，两对为一组，四个小组为一群，许多小群集合成大群体，群体中的细胞数目不定，小群体细胞多为 32 ～ 64 个，大群体细胞多可达数百个以至数千个；细胞浅蓝绿色或亮绿色，少数为玫瑰红色至紫蓝色；原生质体均匀；细胞有两个相互垂直的分裂面，群体以细胞分裂和群体断裂的方式繁殖。多为浮游性藻类，零散分布于水中，不形成优势种。

中华平裂藻 *Merismopedia sinica* Ley

群体大多数由 16 个细胞组成，群体胶被薄而透明；细胞在群体内互相密贴；细胞正方形，仅在转角处圆转；4 个细胞组成一小群，4 个小群成一大群；细胞直径为 1.8 ～ 2μm，高 2μm；伪空胞居于细胞中央。

生长在静止水体中。

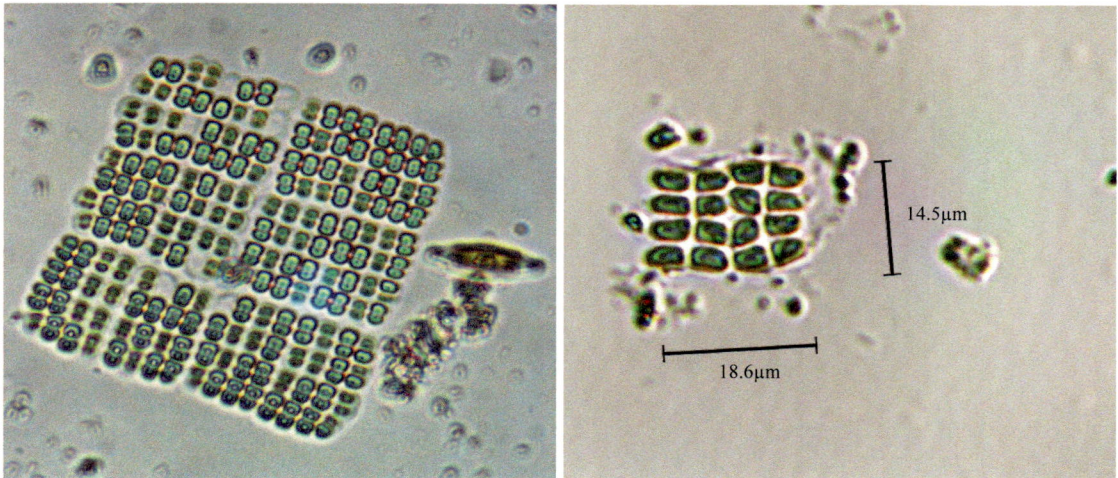

中华平裂藻 *Merismopedia sinica*

念珠藻目 Nostocales

念珠藻科 Nostocaceae
拟鱼腥藻属 *Anabaenopsis* (Wolosz.) Miller

藻丝漂浮，短，螺旋形弯曲或轮状弯曲，少数直；异形胞顶生，常成对；孢子间生，远离异形胞。

阿氏拟鱼腥藻 *Anabaenopsis arnoldii* Aptekarj

植物体漂浮；鞘厚，水溶性，无色透明，规则的螺旋形卷曲，具 0.5 ～ 9 个螺旋，螺旋宽 25 ~ 58μm，螺距 7 ~ 32μm；藻丝两端常各具 1 个异形胞，或另一端为营养细胞或 2 个异形胞或少数在另一端具 1 个孢子；细胞扁球形，少数为椭圆形，宽 6.5 ~ 9μm，长 6.5 ~ 8μm，具气囊；异形胞球形，直径 5.8 ~ 7μm，或椭圆形，长 8 ~ 10.5μm；孢子常 2 个连生，少数单生或间生，椭圆形，宽 10.4 ~ 11.5μm，长 11.5 ~ 14.5μm，壁平滑，无色。

有时大量繁殖形成水华。

生长在湖泊、池塘等静止水体中。

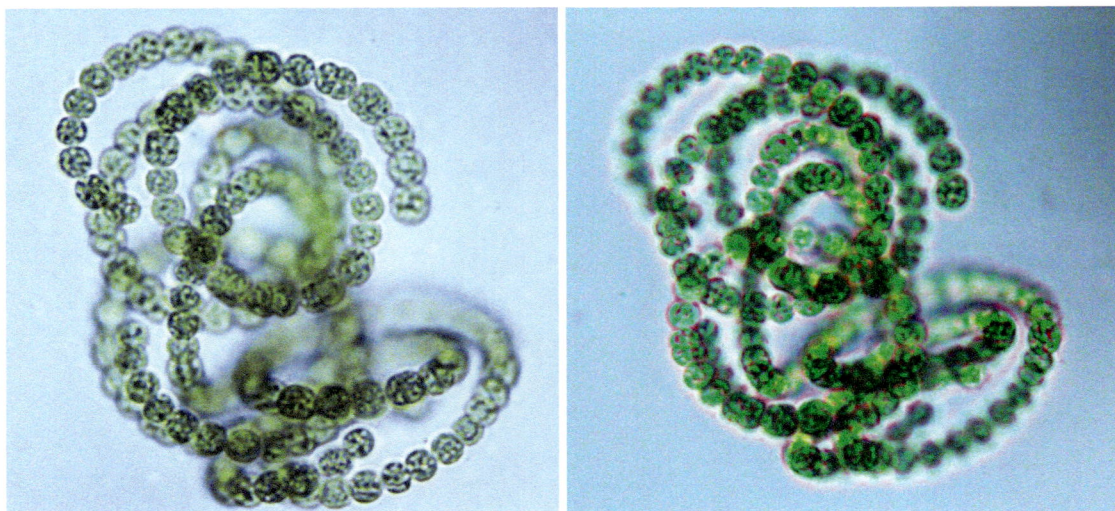

阿氏拟鱼腥藻 *Anabaenopsis arnoldii*

鱼腥藻属 *Anabaena* Bory

植物体为单一丝体，或不定形胶质块，或柔软膜状；藻丝等宽或末端尖，直或不规则的螺旋状弯曲；细胞球形或桶形；异形胞常为间位；孢子 1 个或几个成串，紧靠异形胞或位于异形胞之间。

固氮鱼腥藻 *Anabaena azotica* Ley

植物体为蓝绿色胶块，长和宽可达10cm；丝体紧密，不规则地排列在胶质中；藻丝中部宽 3.6 ~ 4.8μm，两端的细胞稍小，末端的细胞略长，顶端钝圆，呈钝圆锥形或截锥形；细胞腰鼓形或桶形，长宽近相等，宽 2 ~ 4.8μm，长 2.5 ~ 4.8μm，内含物具

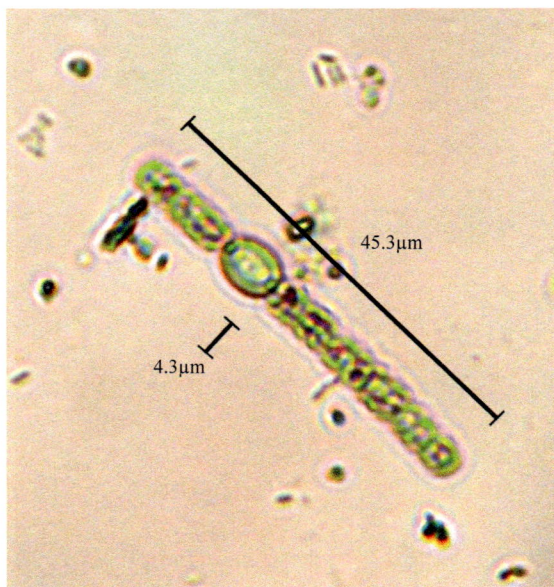

固氮鱼腥藻 *Anabaena azotica*

颗粒，培养过程中发现气囊；异形胞球形至长圆形，长 4.8 ～ 7.3μm，宽 4.8 ～ 7μm；未发现孢子。

固氮种类。

生长在稻田、湖泊中。

念珠藻属 *Nostoc* Vauch.

植物体胶状或革状；幼植物体球形至长圆形，成熟后为球形、叶形、丝状或泡状等各种形状，中空或实心，漂浮或着生，藻丝在群体四周排列紧密而颜色较深，藻丝螺旋形弯曲或缠绕；鞘有时明显，或常相互融合；藻丝念珠状，宽度相等，由相同形状细胞组成，细胞扁球形、桶形、腰鼓形或圆柱形；异形胞间生，幼期顶生；孢子球形或长圆形，在异形胞之间成串产生。

沼泽念珠藻 *Nostoc paludosum* Kütz.

植物体着生，小形，圆形；鞘厚，无色或黄褐色；藻丝宽 3 ～ 3.5μm，长宽相近，桶形，

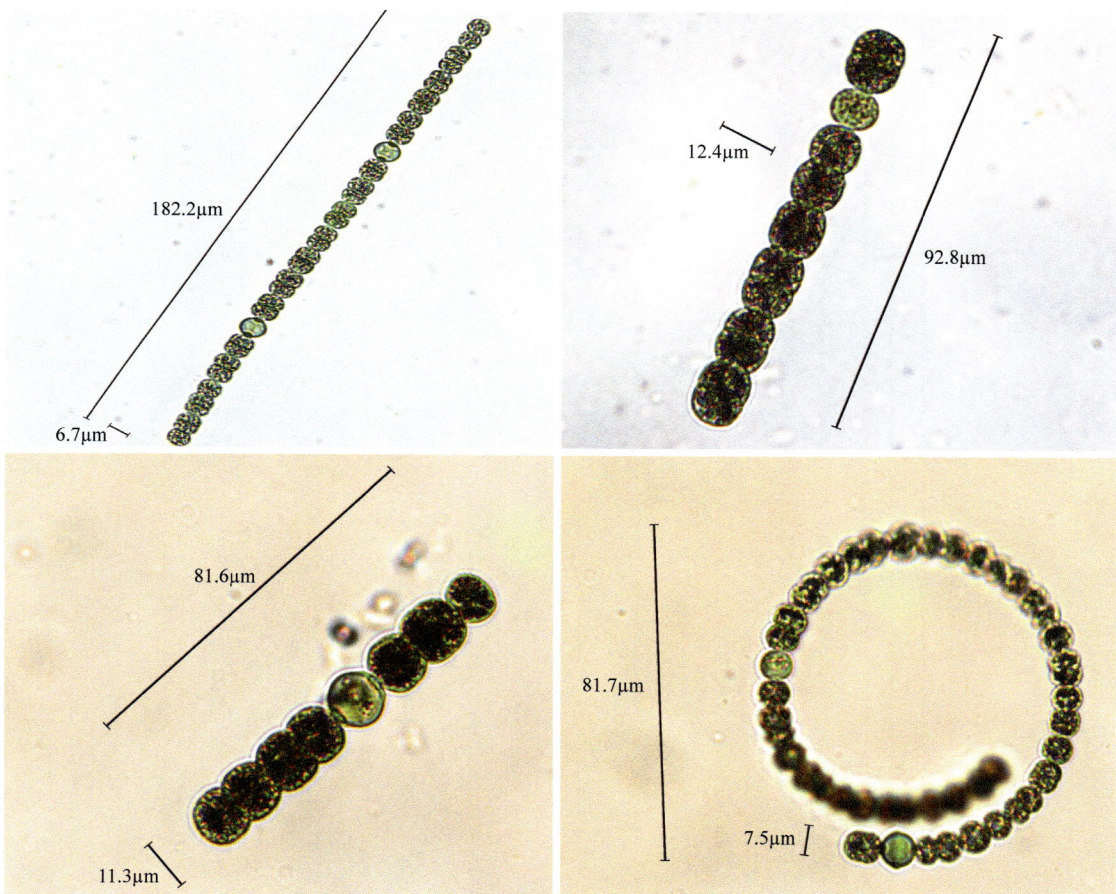

沼泽念珠藻 *Nostoc paludosum*

灰蓝绿色；异形胞宽大于营养细胞；孢子卵形，长 6～8μm，宽 4～4.5μm，壁光滑无色。生长在静止水体中。

颤藻目 Oscillatoriales

颤藻科 Oscillatoriaceae

螺旋藻属 *Spirulina* Turpin em. Gardner

藻体单细胞或多细胞圆柱形，无鞘；或松或紧地卷曲成规则的螺旋状；藻丝顶端通常不渐尖，顶端细胞钝圆，无帽状结构；横壁不明显，不收缢。

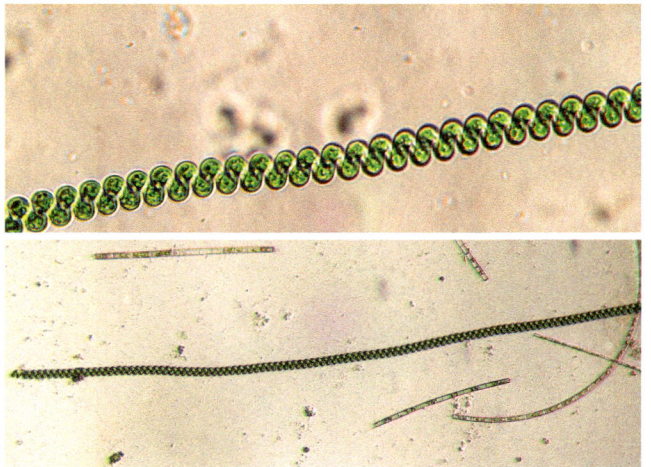

大螺旋藻 *Spirulina major* Kütz. ex Gomont

藻丝有规则的螺旋卷曲，鲜蓝绿色或黄色；细胞宽 1.2～1.7μm，螺旋宽 2.5～4μm，螺距 2.7～5μm。生长在静止或流动的水体中。

大螺旋藻 *Spirulina major*

颤藻属 *Oscillatoria* Vauch. ex Gom.

植物体为单条藻丝或由许多藻丝组成的皮壳状和块状的漂浮群体，无鞘或罕见极薄的鞘；藻丝不分枝，直或扭曲，能颤动，匍匐式或旋转式运动；横壁收缢或不收缢，顶端细胞形态多样，末端增厚或具帽状结构；细胞短柱形或盘状；内含物均匀或具颗粒，少数具气囊；以形成藻殖段进行繁殖。

断裂颤藻 *Oscillatoria fraca* Carlson

藻丝长 100～200μm，横壁不收缢，两侧具颗粒，顶端不尖细，顶端细胞圆形或截形，不具帽状体；细胞长 2.5～4.6μm，宽 7～8μm。生长在湖泊中。

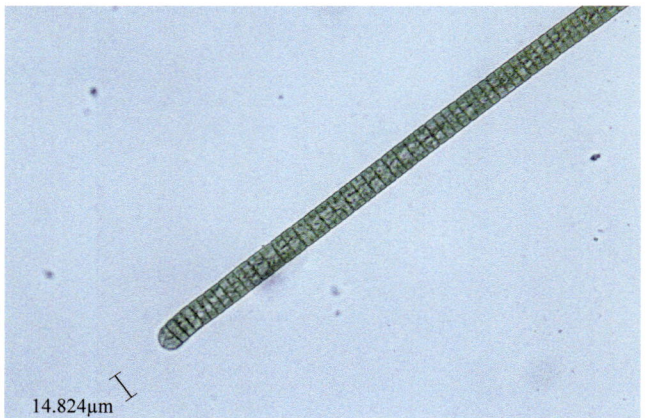

14.824μm

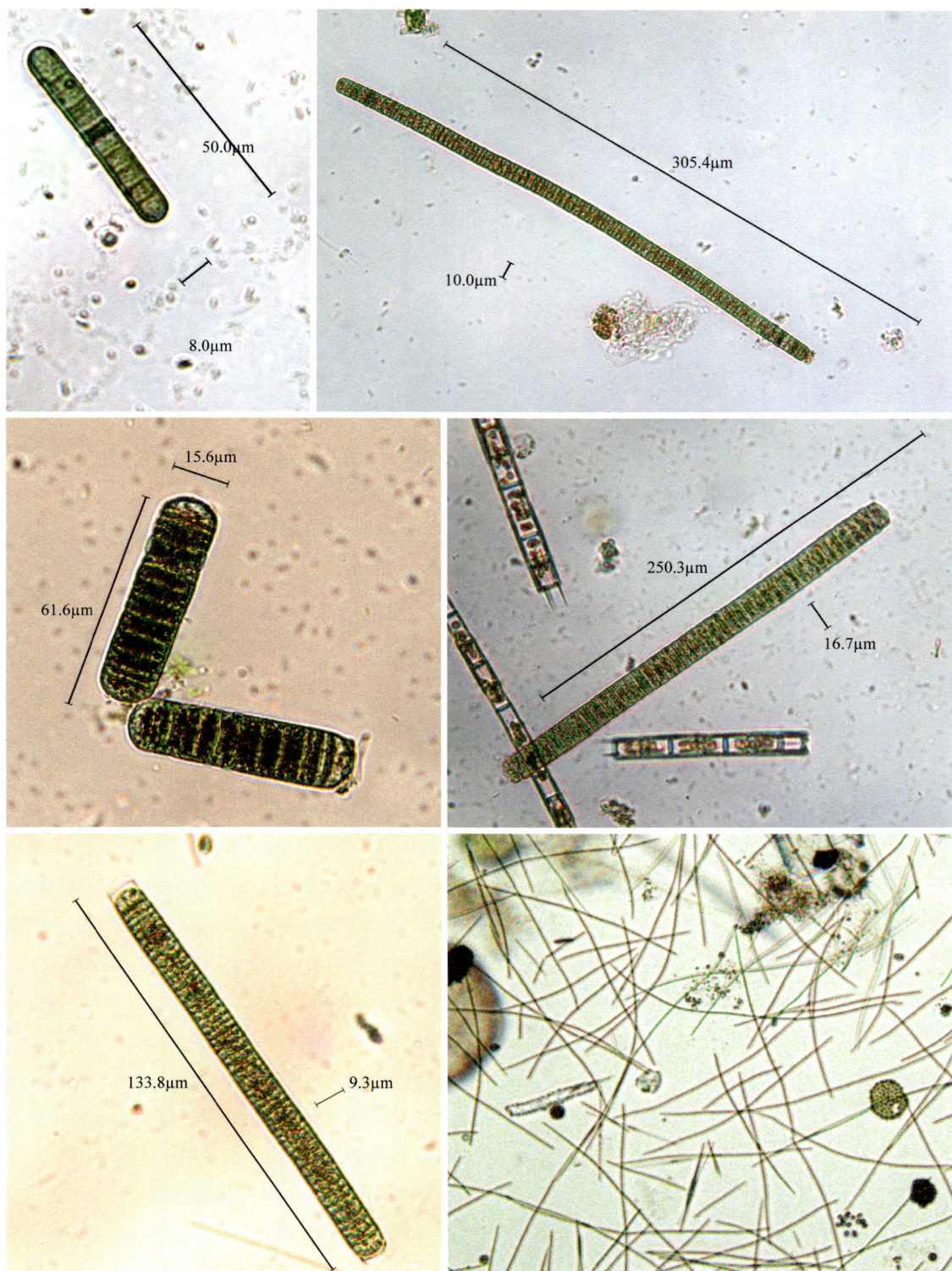

断裂颤藻 *Oscillatoria fraca*

金藻门 Chrysophyta

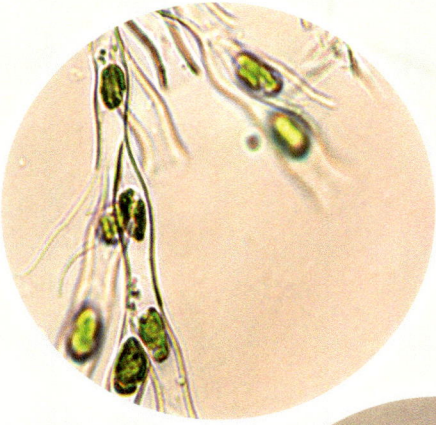

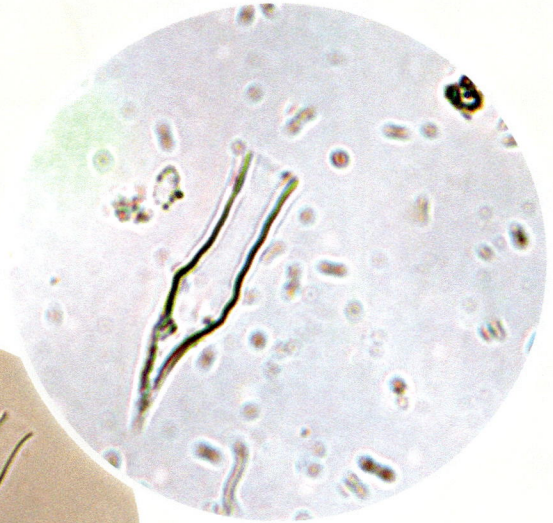

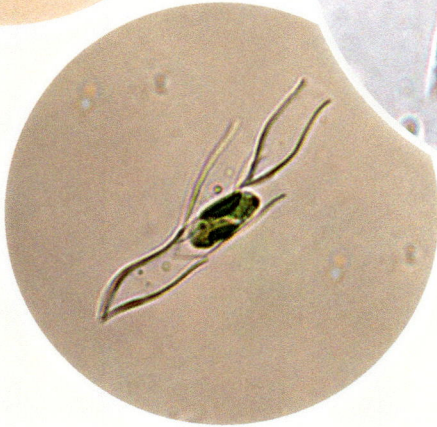

金藻纲 Chrysophyceae

色金藻目 Chromulinales

锥囊藻科 Dinobryonaceae

锥囊藻属 *Dinobryon* Ehrenberg

植物体为树状或丛状群体，浮游或着生；细胞具圆锥形、钟形或圆柱形囊壳，前端呈圆形或喇叭状开口，后端锥形，透明或黄褐色，表面平滑或具波纹；细胞纺锤形、卵形或圆锥形，基部以细胞质短柄附着于囊壳的底部，前端具 2 条不等长的鞭毛，长的 1 条伸出在囊壳开口处，短的 1 条在囊壳开口内，伸缩泡 1 个至多个，眼点 1 个，色素体周生，片状，1 ～ 2 个，光合作用产物为金藻昆布糖，常为 1 个大的球状体，位于细胞的后端。

群聚锥囊藻 *Dinobryon sociale* Ehrenberg

群体细胞密集排列成疏松的丛状；囊壳为柱状圆锥形，前端开口处略呈扩展状，中部近平行，呈圆柱形，后半部呈圆锥形，后端渐尖呈锥状。囊壳长 28 ～ 33μm，宽 8 ～ 9μm。

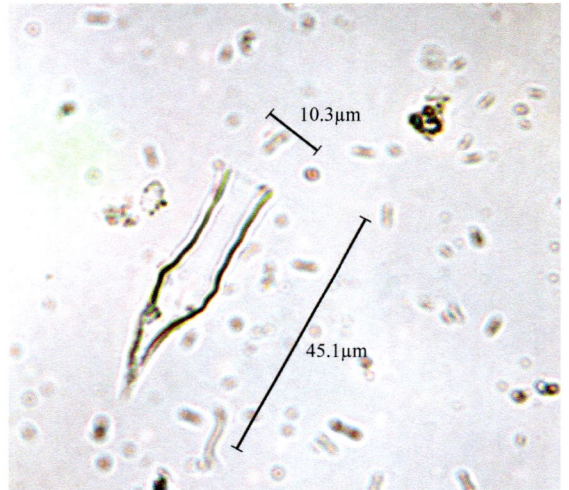

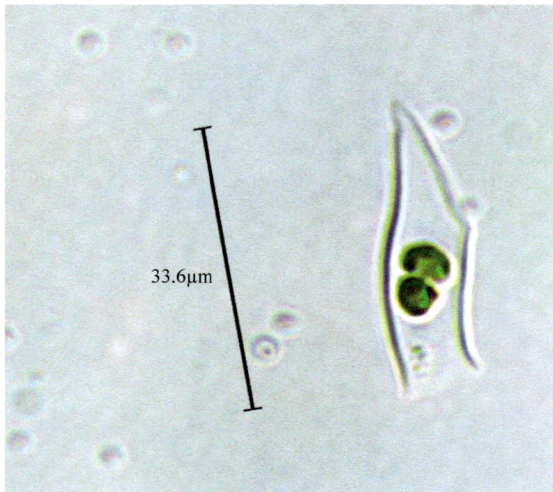

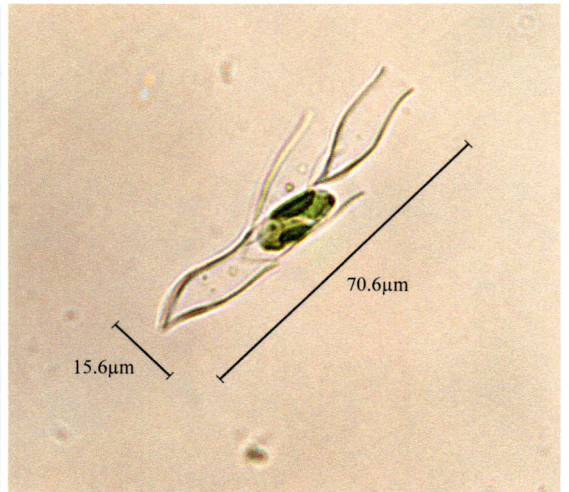

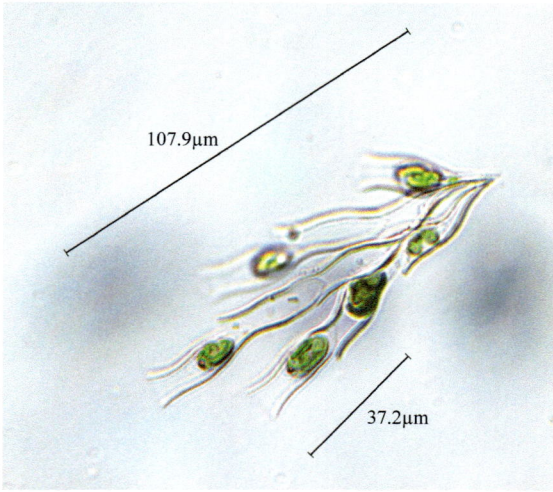

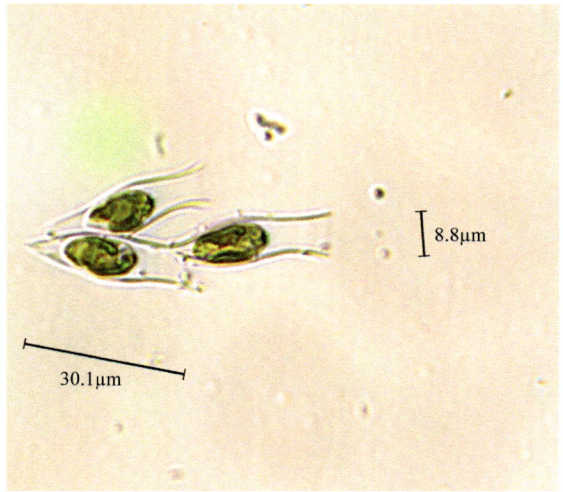

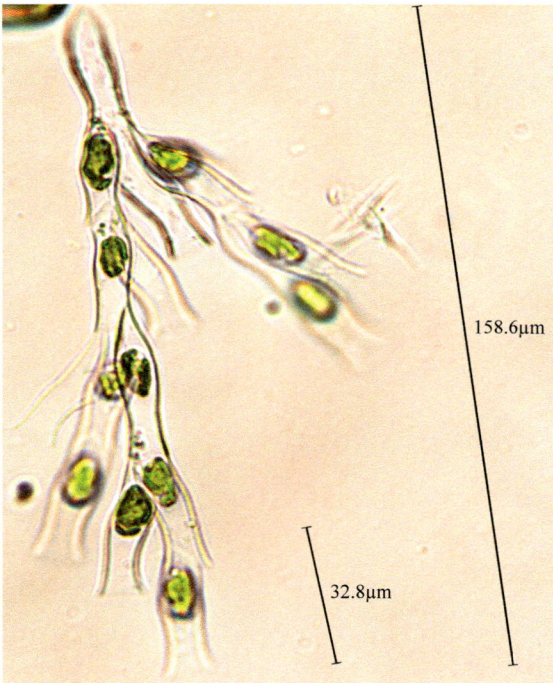

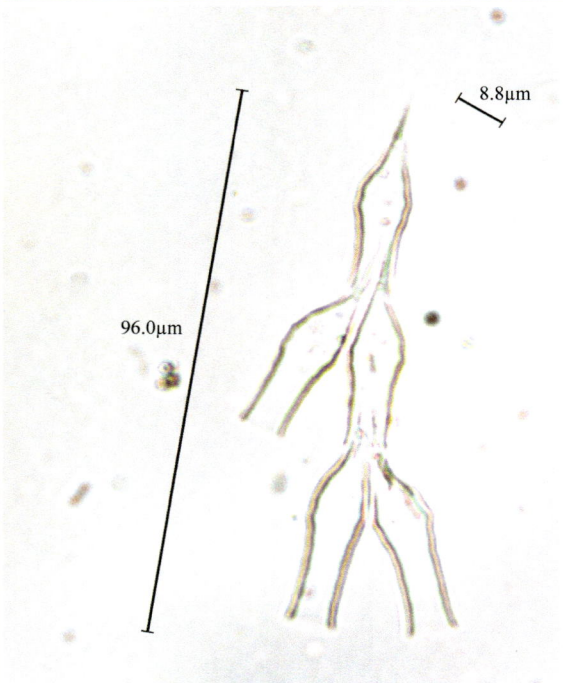

群聚锥囊藻 *Dinobryon sociale*

甲藻门 Dinophyta

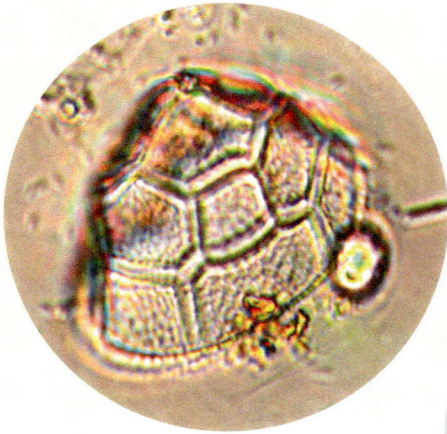

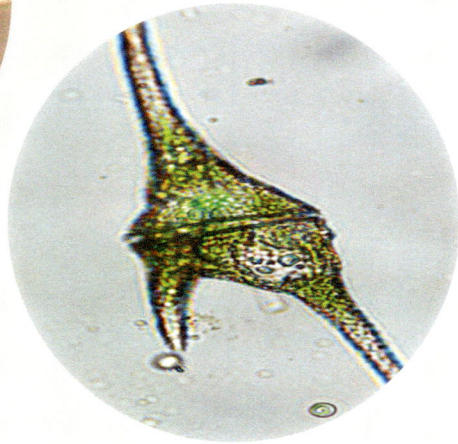

甲藻纲 Dinophyceae

多甲藻目 Peridiniales

多甲藻科 Peridiniaceae
多甲藻属 *Peridinium* Ehr.

淡水种类细胞常为球形、椭圆形至卵形，罕见多角形，略扁平，顶面观常呈肾形，背部明显凸出，腹部平直或凹入。纵沟、横沟显著，大多数种类的横沟位于中间略下部，多数为环状，也有左旋或右旋的，纵沟有的略伸向上壳，有的仅限制在下锥部，有的达到下锥部的末端，常向下逐渐加宽。沟边缘有时具刺状或乳头状突起。通常上锥部较长而狭，下锥部短而宽。有时顶极为尖形，具孔或无，有的种类底极显著凹陷。

楯形多甲藻 *Peridinium umbonatum* Stein

细胞长卵形，背腹略扁平，具顶孔。上壳铃形，钝圆，显著大于下壳。横沟明显左旋；纵沟伸入上壳，向下显著或不显著扩大，但未达到下壳末端。板片程式为：4′,2a,7″,5‴,2⁗；第三块顶板与第四块沟前

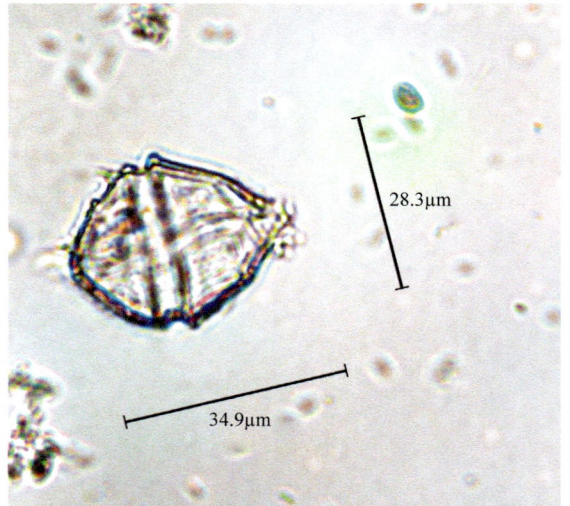

28.3μm

34.9μm

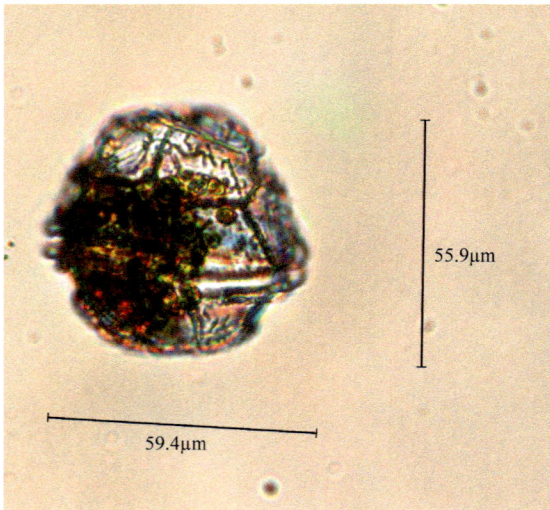

55.9μm

59.4μm

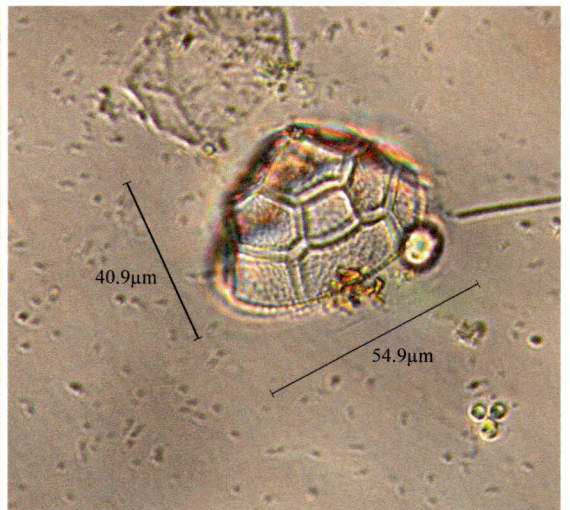

40.9μm

54.9μm

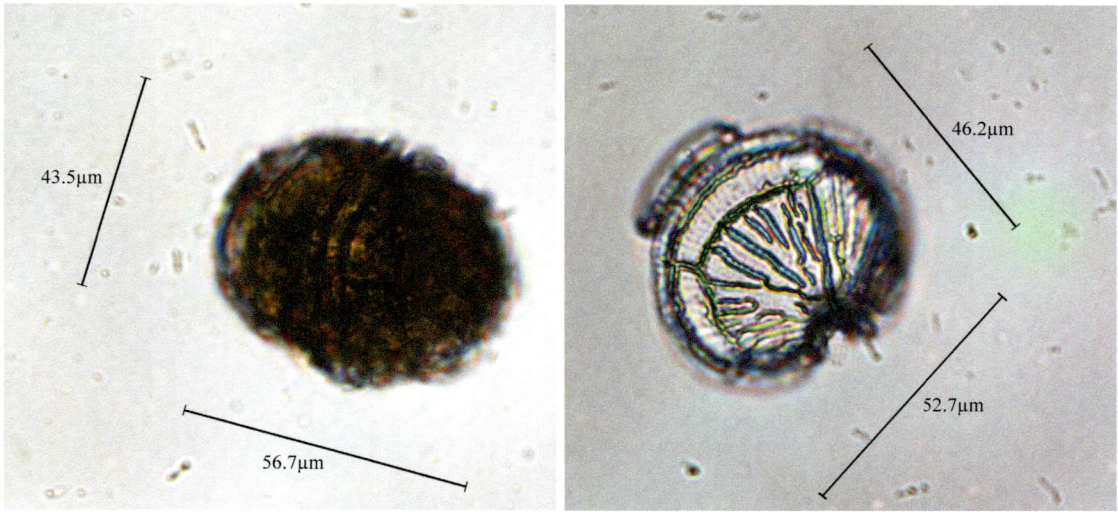

楯形多甲藻 *Peridinium umbonatum*

板相连；下壳斜向凸出；底板多数大小相等；板间带宽，具横纹，板片常凸出，有时凹入，厚，具窝孔纹，窝孔纹纵向并行排列。色素体圆盘状，周生，褐色。细胞长 25 ～ 35μm，宽 21 ～ 32μm。生殖细胞球形或长形，壁坚硬。

角甲藻科 Ceratiaceae

角甲藻属 *Ceratium* Schrank

单细胞或有时连接成群体。细胞具 1 个顶角和 2 ～ 3 个底角。顶角末端具顶孔，底角末端开口或封闭。横沟位于细胞中央，环状或略呈螺旋状，左旋或右旋。细胞腹面中央为斜方形透明区，纵沟位于腹区左侧，透明区右侧为一锥形沟，用以容纳另一个体前角形成群体。板片程式为：4',5'',5''',2'''' ，无前后间插板；顶板联合组成顶角，底板组成一个底角，沟后板组成另一个底角。壳面具网状窝孔纹。色素体多数，小颗粒状，金黄色、黄绿色或褐色。

角甲藻 *Ceratium hirundinella* (Müll.) Schr.

细胞背腹显著扁平。顶角狭长，平直而尖，具顶孔。底角 2 ～ 3 个，放射状，末端多数尖锐，平直，或呈各种形式的弯曲。有些类型其角或多或少地向腹侧弯曲。横沟几乎呈环状，极少呈左旋或右旋，纵沟不伸入上壳，较宽，几乎达到下壳末端。壳面具粗大的窝孔纹，孔纹间具短的或长的棘。色素体多数，圆盘状，周生，黄色至暗褐色。细胞长 90 ～ 450μm。

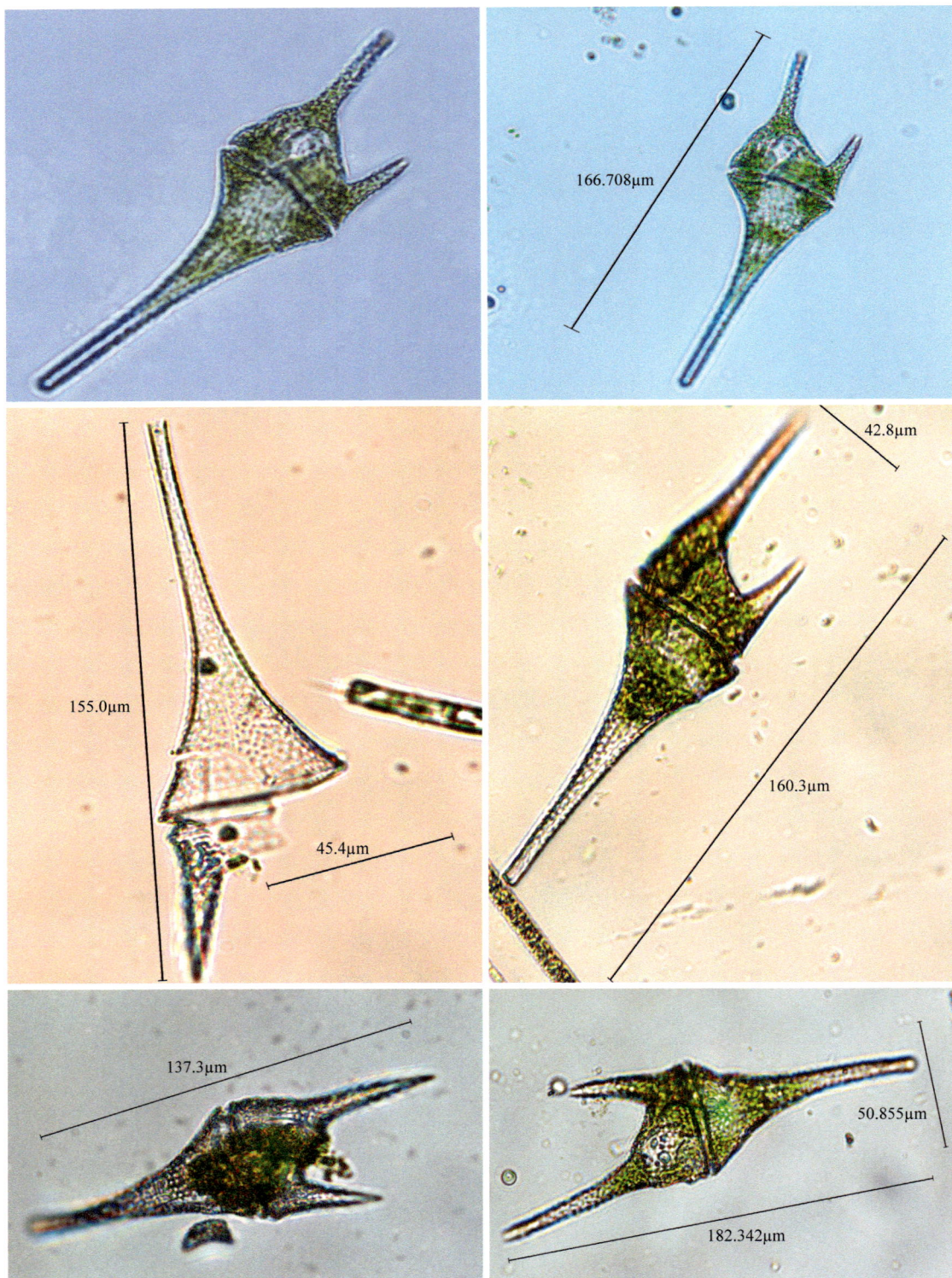

角甲藻 *Ceratium hirundinella*

裸藻门 Euglenophyta

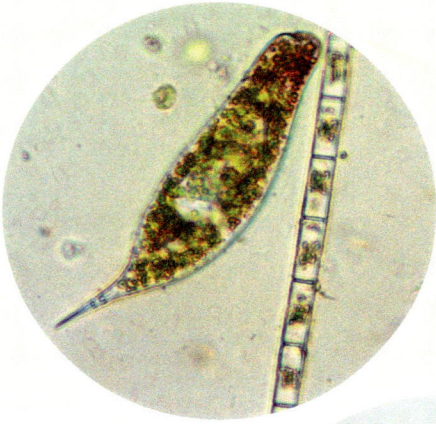

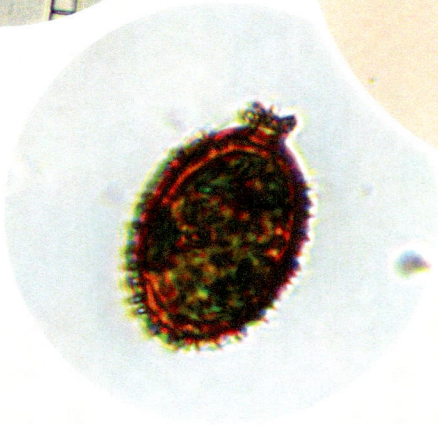

裸藻纲 Euglenophyceae

裸藻目 Euglenales

裸藻科 Euglenaceae

裸藻属 *Euglena* Ehrenberg

细胞形状多少能变，多为纺锤形或圆柱形，横切面圆形或椭圆形，后端多少延伸呈尾状或具尾刺。表质柔软或半硬化，具螺旋形旋转排列的线纹。色素体 1 个至多个，呈星形、盾形或盘形，蛋白核有或无。副淀粉粒呈小颗粒状，数量不等；或为定形大颗粒，2 个至多个。细胞核较大，中位或后位。鞭毛单条。眼点明显。多数具明显的裸藻状蠕动，少数不明显。大多数淡水产，极少数海产。

绿色裸藻 *Euglena viridis* Ehrenberg

细胞易变形，常为纺锤形或圆柱状纺锤形，前端圆形或斜截形，后端渐尖呈尾状。表质具自左向右的螺旋线纹，细密而明显。色素体星形，单个，位于核的中部，具多个放射状排列的条带，长度不等，中央有具副淀粉粒的蛋白核，蛋白核较小。副淀粉粒卵形或椭圆形，多数，大多集中在蛋白核周围。核常后位。鞭毛为体长的 1 ～ 4 倍。眼点明显，呈盘形或表玻形。细胞长 31 ～ 52μm，宽 14 ～ 26μm。

多生长在各种有机质丰富的小型静止水体中，大量繁殖时形成膜状水华。

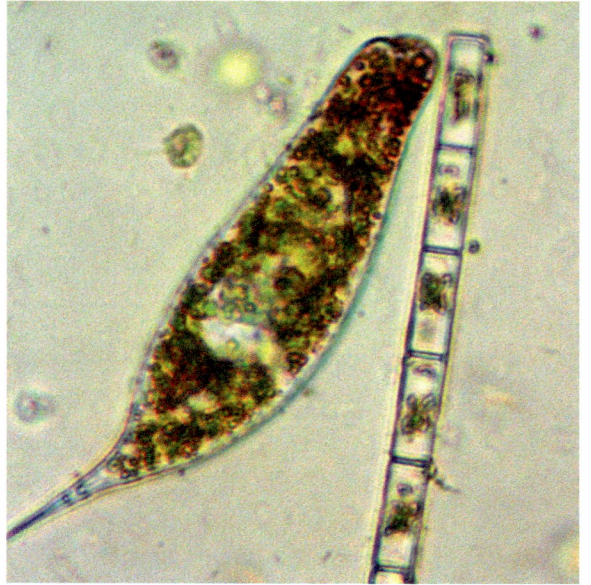

绿色裸藻 *Euglena viridis*

鱼形裸藻 *Euglena pisciformis* Klebs

细胞易变形，常为纺锤形、纺锤状椭圆形或圆柱形，前端圆形或略斜截，后端圆形或具短尾突或渐尖呈尾状。表质具自左向右的螺旋线纹。色素体线状

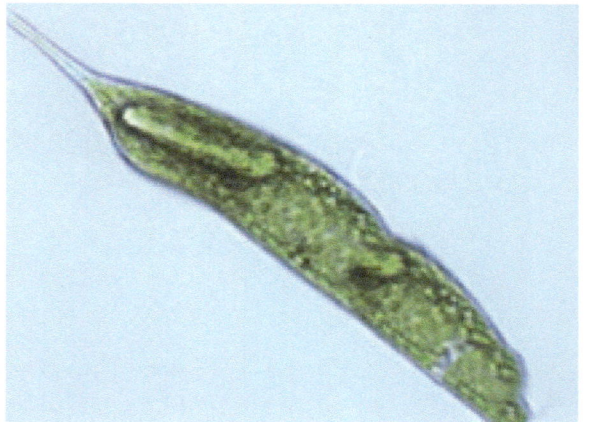

鱼形裸藻 *Euglena pisciformis*

或盘状，2 ～ 3 个，边缘不整齐，周生并与纵轴平行，各具 1 个带副淀粉鞘的蛋白核。副淀粉粒小颗粒状，通常数量不多。核中位或后位。鞭毛为体长的 1 ～ 1.5 倍。眼点明显，呈表玻状。细胞长 18 ～ 51μm，宽 5 ～ 17μm。

生长在池塘、湖泊、溪流等水体中，有时可形成膜状水华。

易变裸藻 *Euglena mutabilis* Schmitz

细胞长圆柱状，前端宽，斜截，后端收缩成尾刺。表质具细弱的自左向右的螺旋线纹。色素体半环带状或片状，较大，多为 4 个，各具 1 个无鞘的裸露蛋白核。副淀粉粒为椭圆形或短杆形颗粒，大小不等。核中位。鞭毛为体长的 1/3 ～ 1/2。眼点明显，表玻形。细胞长 43 ～ 46μm，宽 5 ～ 8μm。

常生长在池塘中，能适应酸性较强的水体（最低可达 pH 1.8）。

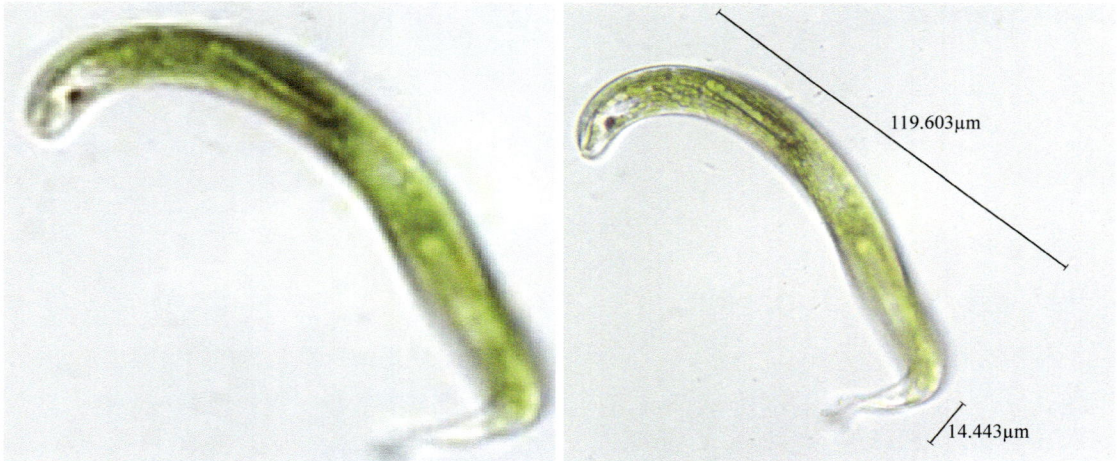

119.603μm

14.443μm

易变裸藻 *Euglena mutabilis*

梭形裸藻 *Euglena acus* Ehrenberg

细胞狭长纺锤形或圆柱形，略能变形，有时可呈扭曲状。前端狭窄呈圆形或截形，有时呈头状，后端渐细成长尖尾刺。表质具自左向右的螺旋线纹，有时几成纵向。色素体小圆盘形或卵形，多数，无蛋白核。副淀粉粒较大，多数（常为十几个），长杆形，有时具卵形小颗粒。核中位。鞭毛较短，为体长的 1/8 ～ 1/2。眼点明显，淡红色，呈盘形或表玻形。细胞长 60 ～ 195μm，宽 5 ～ 28μm。

生长在各种静止水体中。

梭形裸藻 *Euglena acus*

尖尾裸藻 *Euglena oxyuris* Schmarda

细胞近圆柱形，稍侧扁，略变形，有时呈螺旋形扭曲，具窄的螺旋形纵沟，前端圆形或平截形，有时略呈头状，后端收缢成尖尾刺。表质具自右向左的螺旋线纹。色素体小盘形，多数，无蛋白核。副淀粉粒2个大的（有时多个），环形，分别位于核的前后两端，其余的为杆形、卵形或环形小颗粒。核中位。鞭毛为体长的1/4～1/2。眼点明显。细胞长100～450μm，宽16～61μm。

广泛生长在各种静止水体中。

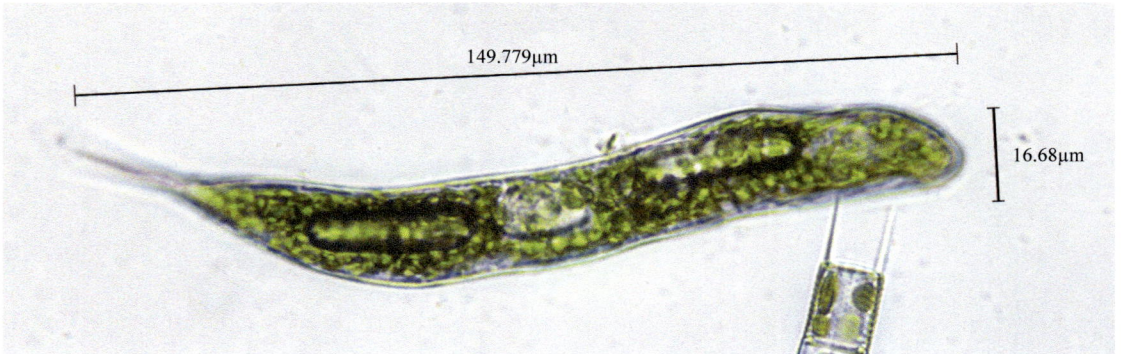

149.779μm

16.68μm

尖尾裸藻 *Euglena oxyuris*

扁裸藻属 *Phacus* Dujardin

细胞表质硬，形状固定，扁平，正面观一般呈圆形、卵形或椭圆形，有的呈螺旋形扭转，顶端具纵沟，后端多数呈尾状；表质具纵向或螺旋形排列的线纹、点纹或颗粒。绝大多数种类的色素体呈圆盘形，多数，无蛋白核；副淀粉粒较大，有环形、假环形、圆盘形、球形、线轴形或哑铃形等各种形状，常为1个至数个，有时还有一些球形、卵形或杆形的小颗粒。单鞭毛。具眼点。

爪形扁裸藻 *Phacus onyx* Pochm.

细胞卵圆形、圆形或梯形，前端窄，圆形，后端平弧形，尾刺粗，向一侧弯曲，边缘的一侧或两侧具波形缺刻，少数无缺刻；表质具纵线纹；副淀粉粒1个，较大，球形或假环形，有时有一些球形的小颗粒。细胞长

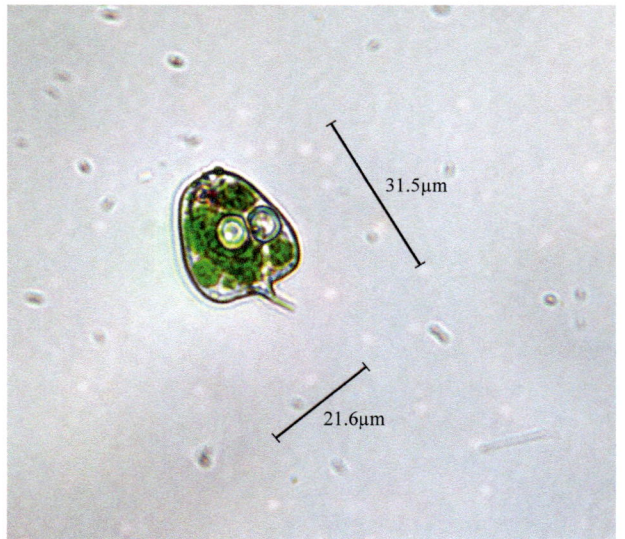

31.5μm

21.6μm

爪形扁裸藻 *Phacus onyx*

30 ～ 42μm，宽 22 ～ 35μm，厚 9μm，尾刺长 6μm 左右。

生长在水沟、池塘等水体中。

扭曲扁裸藻 *Phacus tortus* (Lemm.) Skv.

细胞沿纵轴呈螺旋形扭转约 1 周，后端渐窄，呈一长而直的尖尾刺，有时略弯；表质具纵线纹。副淀粉粒 1 个至数个，呈球形、环形或哑铃形。鞭毛约与体长相等。细胞长 69 ～ 112μm，宽 34 ～ 52μm，尾刺长 17μm。

生长在河流、池塘、水沟等水体中。

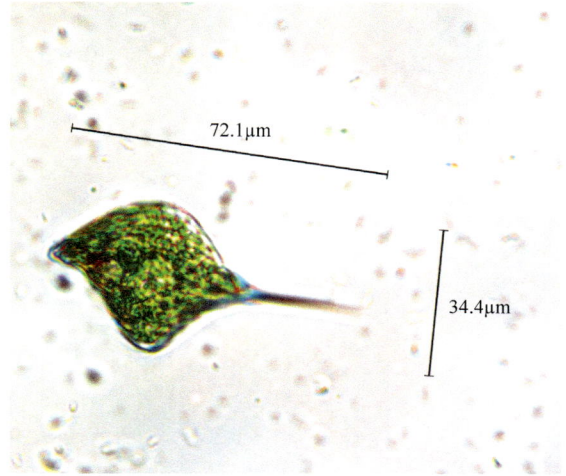

扭曲扁裸藻 *Phacus tortus*

宽扁裸藻 *Phacus pleuronectes* (Ehr.) Duj.

细胞近圆形，两端宽圆，后端具尖尾刺，向一侧弯曲，背脊突起，伸至中部；表质具纵线纹。副淀粉粒 1 ～ 2 个，较大，呈盘形或同心相叠的假环形。鞭毛约与体长相等。细胞长 40 ～ 80μm，宽 30 ～ 50μm，尾刺长 12 ～ 18μm。

生长在河流、池塘、水洼等水体中。

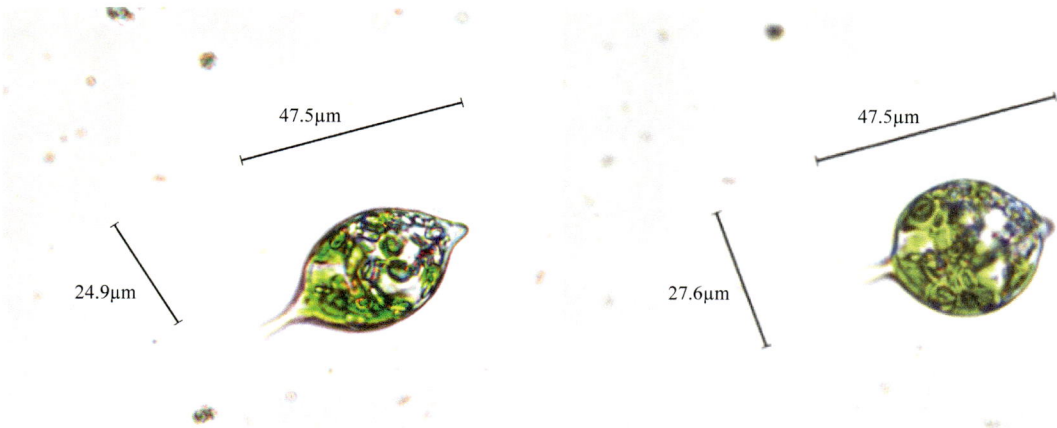

宽扁裸藻 *Phacus pleuronectes*

长尾扁裸藻 *Phacus longicauda* (Ehr.) Duj.

细胞宽卵形或梨形，前端宽圆，后端渐细，呈一细长的尖尾刺，直向或略弯曲；表质具纵线纹；副淀粉粒 1 个至数个，较大，环形或圆盘形，有时有一些圆形或椭圆形的小颗粒。鞭毛约与体长相等。细胞长 85 ～ 170μm，宽 40 ～ 70μm，尾刺长 45 ～ 88μm。

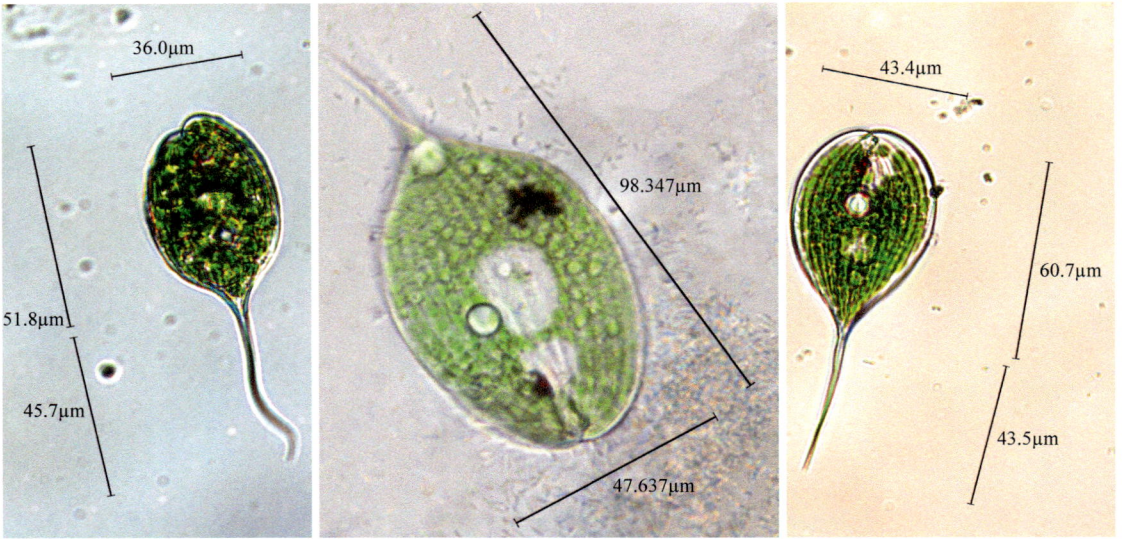

长尾扁裸藻 *Phacus longicauda*

囊裸藻属 *Trachelomonas* Ehrenberg

细胞外具囊壳，囊壳球形、卵形、椭圆形、圆柱形或纺锤形等；囊壳表面光滑或具点纹、孔纹、颗粒、网纹、棘刺等纹饰；囊壳无色，由于铁质沉积，而呈黄色、橙色或褐色，透明或不透明；囊壳的前端具一圆形的鞭毛孔，有或无领，有或无环状加厚圈；囊壳内的原生质体裸露无壁，其他特征与裸藻属相似。

种类很多，广泛分布于各种水体，当它们大量生长繁殖时，可使水呈黄褐色。

湖生囊裸藻 *Trachelomonas lacustris* Drez.

囊壳圆柱形，前端略平截，后端圆形；表面具点孔纹，密集均匀。鞭毛孔具环状加厚圈，或领状突起。囊壳长 22 ～ 30μm，宽 12 ～ 20μm。

生长在河流、池塘等水体中。

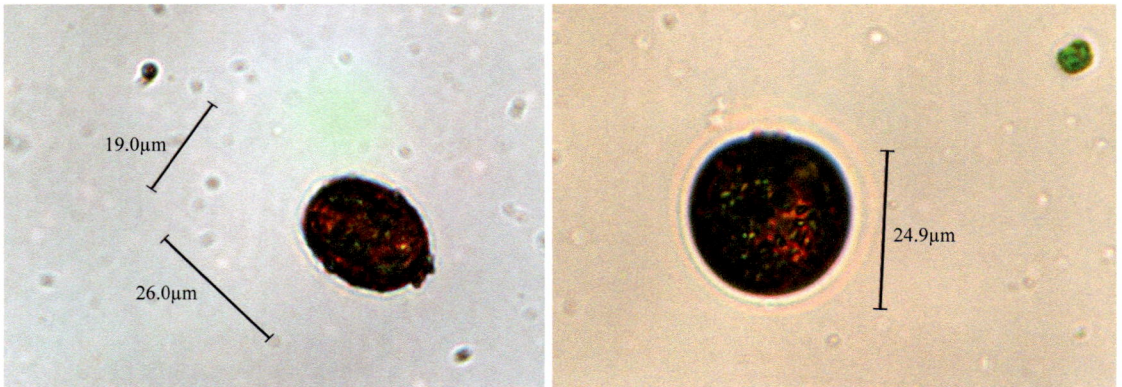

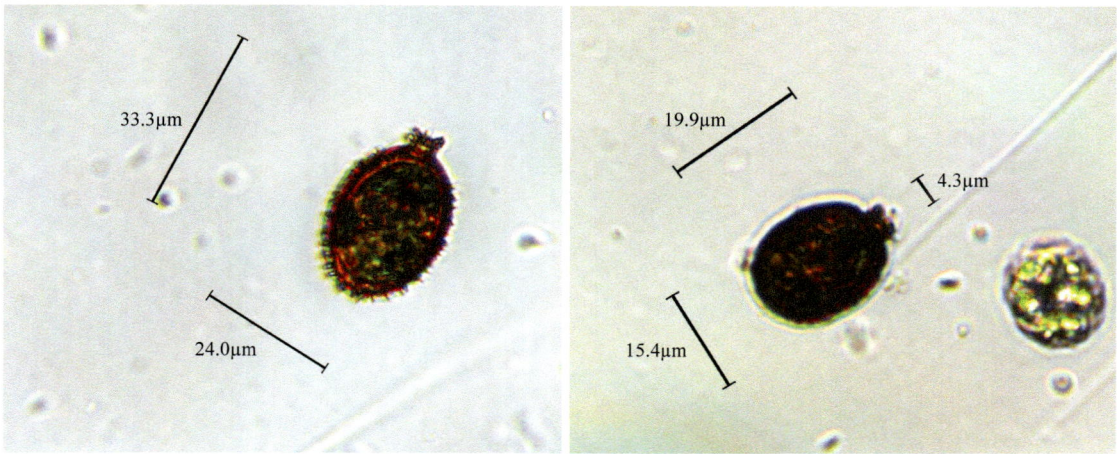

33.3μm

24.0μm

19.9μm

4.3μm

15.4μm

湖生囊裸藻 *Trachelomonas lacustris*

隐藻门 Cryptophyta

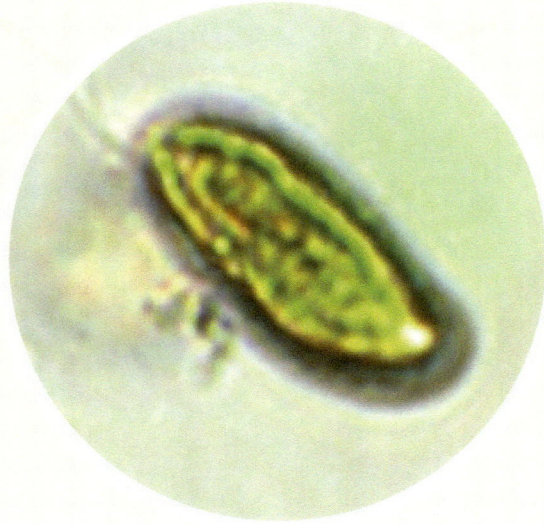

隐藻纲 Cryptophyceae

隐鞭藻目 Cryptomonadales

隐鞭藻科 Cryptomonadaceae
隐藻属 *Cryptomonas* Ehrenberg

细胞椭圆形、豆形、卵形、圆锥形、纺锤形或"S"形。背腹扁平，背部明显隆起，腹部平直或略凹入。多数种类横断面呈椭圆形，少数种类呈圆形或显著扁平。细胞前端钝圆或斜截形，后端为或宽或狭的钝圆形。具明显的口沟，位于腹侧。鞭毛 2 条，自口沟伸出，鞭毛通常短于细胞长度。具刺丝胞或无。液泡 1 个，位于细胞前端。

卵形隐藻 *Cryptomonas ovata* Ehr.

细胞椭圆形或长卵形，通常略弯曲。前端明显的斜截形，顶端呈角状或宽圆，大多数为斜的凸状，后端为宽圆形。细胞多数略扁平；纵沟、口沟明显。口沟达到细胞的中部，有时近于细胞腹侧，直或甚明显地弯向腹侧。细胞前端近口沟处常具 2 个卵形的反光体，通常位于口沟背侧，或一个在背侧另一个在腹侧。具 2 个色素体，有时边缘具缺刻，橄榄绿色，有时为黄褐色，罕见黄绿色。鞭毛 2 条，几乎等长，多数略短于细胞长度。细胞大小变化很大，通常长 20 ～ 80μm，宽 6 ～ 20μm，厚 5 ～ 18μm。

生长在池塘、湖泊中。

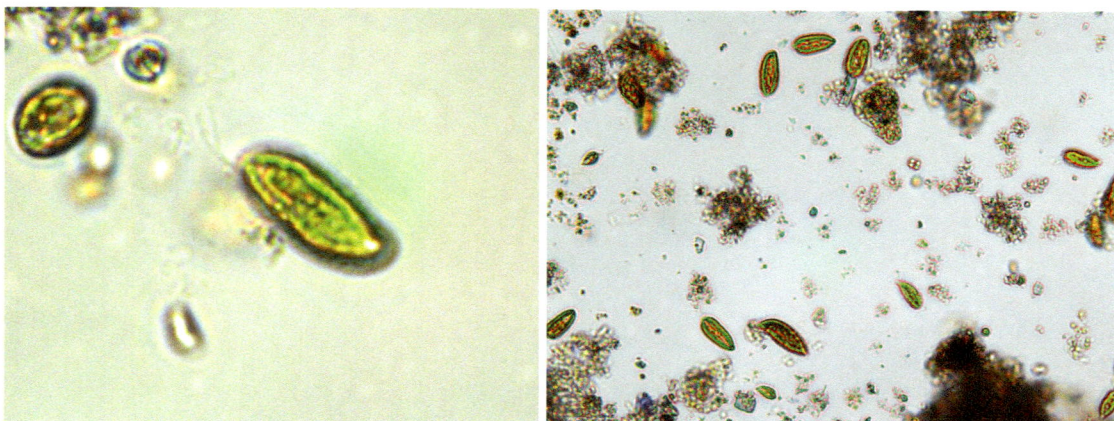

卵形隐藻 *Cryptomonas ovata*

参 考 文 献

范亚文 , 包文美 . 1993. 东北地区桥弯藻属数量分类研究 . 哈尔滨师范大学自然科学学报 , (1): 77-82.

胡鸿钧 , 魏印心 . 2006. 中国淡水藻类 : 系统、分类及生态 . 北京 : 科学出版社 .

饶钦止 . 1959. 关于双形藻属和韦氏藻属的分类位置问题 . 水生生物学集刊 , (4): 387-394.

施之新 . 1996. 扁裸藻属和鳞孔藻属的新分类群 . 植物分类学报 , (1): 105-111.

夏爽 , 刘国祥 , 胡征宇 . 2011. 武汉东湖隐藻门植物的分类学研究 . 植物科学学报 , 29(2): 250-255.

谢淑琦 . 1986. 冠盘藻属 (*Stephanodiscus* Ehrenberg) 分类学研究的进展及一些种的多态性 . 山西大学学报 (自然科学版), (3): 100-105.

谢淑琦 , 齐雨藻 . 1997. 等片藻属几个种的分类学问题研究 . 植物分类学报 , (1): 37-42, 103-104.

谢树莲 , 凌元洁 . 2000. 中国空星藻属 (绿藻门 , 绿球藻目) 的分类研究 . 山西大学学报 (自然科学版), (1): 61-66.

谢树莲 , 邱丽氚 , 凌元洁 . 1996. 裸藻门新分类群 . 植物分类学报 , (2): 226-227.

熊源新 . 1994. 贵州盘星藻属的分类 . 武汉植物学研究 , (2): 117-122.

虞功亮 , 宋立荣 , 李仁辉 . 2007. 中国淡水微囊藻属常见种类的分类学讨论 : 以滇池为例 . 植物分类学报 , (5): 727-741.

Canter-Lund H, Lund J W G. 1995. Freshwater Algae: Their Microscopic World Explored. Bristol: Biopress Limited.

Graham L E, Graham J M, Wilcox L W. 2009. Algae (2nd Edition). San Francisco: Benjamin Cummings.

Reynolds C S. 1984. The Ecology of Freshwater Phytoplankton. London: Cambridge University Press.

Reynolds C S. 2006. Ecology of Phytoplankton. London: Cambridge University Press.

Sournia A. 1978. Phytoplankton Manual. Paris: UNESCO.

Stevenson R J, Well M L B, Lowe R L. 1996. Algal Ecology Freshwater Benthic Ecosystems. New York: Academic Press.

Strickland J D H. 1970. The Ecology of the Plankton Off La Jolla, California, in the Period April Through September. London: University of California Press.

Wehr J D, Sheath R G. 2003. Freshwater Algae of North America: Ecology and Classification. New York: Academic Press.

附录 鄱阳湖保护区浮游植物名录

序号	中文名	拉丁名	中文名	拉丁名	中文名	拉丁名	中文名	拉丁名	中文名	拉丁名
1	绿藻门	Chlorophyta	绿藻纲	Chlorophyceae	团藻科	Volvocaceae	盘藻属	Gonium	盘藻	Gonium pectorale
2	绿藻门	Chlorophyta	绿藻纲	Chlorophyceae	团藻科	Volvocaceae	实球藻属	Pandorina	实球藻	Pandorina morum
3	绿藻门	Chlorophyta	绿藻纲	Chlorophyceae	团藻科	Volvocaceae	团藻属	Volvox	美丽团藻	Volvox aureus
4	绿藻门	Chlorophyta	绿藻纲	Chlorophyceae	绿球藻科	Chlorococcaceae	多芒藻属	Golenkinia	疏刺多芒藻	Golenkinia paucispina
5	绿藻门	Chlorophyta	绿藻纲	Chlorophyceae	绿球藻科	Chlorococcaceae	微芒藻属	Micractinium	微芒藻	Micractinium pusillum
6	绿藻门	Chlorophyta	绿藻纲	Chlorophyceae	小桩藻科	Characiaceae	弓形藻属	Schroederia	拟菱形弓形藻	Schroederia nitzschioides
7	绿藻门	Chlorophyta	绿藻纲	Chlorophyceae	小球藻科	Chlorellaceae	小球藻属	Chlorella	小球藻	Chlorella vulgaris
8	绿藻门	Chlorophyta	绿藻纲	Chlorophyceae	小球藻科	Chlorellaceae	被刺藻属	Franceia	被刺藻	Franceia ovalis
9	绿藻门	Chlorophyta	绿藻纲	Chlorophyceae	小球藻科	Chlorellaceae	四角藻属	Tetraëdron	小形四角藻	Tetraëdron gracile
10	绿藻门	Chlorophyta	绿藻纲	Chlorophyceae	小球藻科	Chlorellaceae	蹄形藻属	Kirchneriella	扭曲蹄形藻	Kirchneriella contorta
11	绿藻门	Chlorophyta	绿藻纲	Chlorophyceae	小球藻科	Chlorellaceae	月牙藻属	Selenastrum	月牙藻	Selenastrum bibraianum
12	绿藻门	Chlorophyta	绿藻纲	Chlorophyceae	卵囊藻科	Oocystaceae	拟新月藻属	Closteriopsis	拟新月藻	Closteriopsis longissima
13	绿藻门	Chlorophyta	绿藻纲	Chlorophyceae	卵囊藻科	Oocystaceae	四棘藻属	Treubaria	粗刺四棘藻	Treubaria crassispina
14	绿藻门	Chlorophyta	绿藻纲	Chlorophyceae	卵囊藻科	Oocystaceae	卵囊藻属	Oocystis	湖生卵囊藻	Oocystis lacustris
15	绿藻门	Chlorophyta	绿藻纲	Chlorophyceae	卵囊藻科	Oocystaceae	并联藻属	Quadrigula	柯氏并联藻	Quadrigula chodatii
16	绿藻门	Chlorophyta	绿藻纲	Chlorophyceae	盘星藻科	Pediastraceae	盘星藻属	Pediastrum	盘星藻	Pediastrum biradiatum
17	绿藻门	Chlorophyta	绿藻纲	Chlorophyceae	盘星藻科	Pediastraceae	盘星藻属	Pediastrum	短棘盘星藻	Pediastrum boryanum
18	绿藻门	Chlorophyta	绿藻纲	Chlorophyceae	盘星藻科	Pediastraceae	盘星藻属	Pediastrum	布朗盘星藻	Pediastrum braunii

续表

序号	中文名	拉丁名	中文名	拉丁名	中文名	拉丁名	中文名	拉丁名	中文名	拉丁名
19	绿藻门	Chlorophyta	绿藻纲	Chlorophyceae	盘星藻科	Pediastraceae	盘星藻属	*Pediastrum*	二角盘星藻	*Pediastrum duplex*
20	绿藻门	Chlorophyta	绿藻纲	Chlorophyceae	盘星藻科	Pediastraceae	盘星藻属	*Pediastrum*	整齐盘星藻	*Pediastrum integrum*
21	绿藻门	Chlorophyta	绿藻纲	Chlorophyceae	盘星藻科	Pediastraceae	盘星藻属	*Pediastrum*	单角盘星藻具孔变种	*Pediastrum simplex* var. *duodenarium*
22	绿藻门	Chlorophyta	绿藻纲	Chlorophyceae	盘星藻科	Pediastraceae	盘星藻属	*Pediastrum*	四角盘星藻	*Pediastrum tetras*
23	绿藻门	Chlorophyta	绿藻纲	Chlorophyceae	栅藻科	Scenedesmaceae	集星藻属	*Actinastrum*	集星藻	*Actinastrum hantzschii*
24	绿藻门	Chlorophyta	绿藻纲	Chlorophyceae	栅藻科	Scenedesmaceae	栅藻属	*Scenedesmus*	尖细栅藻	*Scenedesmus acuminatus*
25	绿藻门	Chlorophyta	绿藻纲	Chlorophyceae	栅藻科	Scenedesmaceae	栅藻属	*Scenedesmus*	被甲栅藻	*Scenedesmus armatus*
26	绿藻门	Chlorophyta	绿藻纲	Chlorophyceae	栅藻科	Scenedesmaceae	栅藻属	*Scenedesmus*	双对栅藻	*Scenedesmus bijuga*
27	绿藻门	Chlorophyta	绿藻纲	Chlorophyceae	栅藻科	Scenedesmaceae	栅藻属	*Scenedesmus*	四尾栅藻	*Scenedesmus quadricauda*
28	绿藻门	Chlorophyta	绿藻纲	Chlorophyceae	栅藻科	Scenedesmaceae	栅藻属	*Scenedesmus*	二形栅藻	*Scenedesmus dimorphus*
29	绿藻门	Chlorophyta	绿藻纲	Chlorophyceae	栅藻科	Scenedesmaceae	栅藻属	*Scenedesmus*	锯齿栅藻	*Scenedesmus serratus*
30	绿藻门	Chlorophyta	绿藻纲	Chlorophyceae	栅藻科	Scenedesmaceae	韦斯藻属	*Westeila*	丛球韦斯藻	*Westella botryoides*
31	绿藻门	Chlorophyta	绿藻纲	Chlorophyceae	栅藻科	Scenedesmaceae	十字藻属	*Crucigenia*	四足十字藻	*Crucigenia tetrapedia*
32	绿藻门	Chlorophyta	绿藻纲	Chlorophyceae	栅藻科	Scenedesmaceae	空星藻属	*Coelastrum*	小空星藻	*Coelastrum microporum*
33	绿藻门	Chlorophyta	绿藻纲	Chlorophyceae	丝藻科	Ulotrichaceae	丝藻属	*Ulothrix*	颤丝藻	*Ulothrix oscillatoria*
34	绿藻门	Chlorophyta	绿藻纲	Chlorophyceae	微孢藻科	Microsporaceae	微孢藻属	*Microspora*	厚壁微孢藻	*Microspora pachyderma*
35	绿藻门	Chlorophyta	双星藻纲	Zygnematophyceae	双星藻科	Zygnemataceae	水绵属	*Spirogyra*	美纹水绵	*Spirogyra pulchrifigurata*
36	绿藻门	Chlorophyta	双星藻纲	Zygnematophyceae	鼓藻科	Desmidiaceae	棒形鼓藻属	*Gonatozygon*	尖刺棒形鼓藻	*Gonatozygon aculeatum*
37	绿藻门	Chlorophyta	双星藻纲	Zygnematophyceae	鼓藻科	Desmidiaceae	棒形鼓藻属	*Gonatozygon*	棒形鼓藻	*Gonatozygon monotaenium*

续表

序号	中文名	拉丁名	中文名	拉丁名	中文名	拉丁名	中文名	拉丁名	中文名	拉丁名
38	绿藻门	Chlorophyta	双星藻纲	Zygnematophyceae	鼓藻科	Desmidiaceae	新月藻属	Closterium	月牙新月藻	*Closterium cynthia*
39	绿藻门	Chlorophyta	双星藻纲	Zygnematophyceae	鼓藻科	Desmidiaceae	新月藻属	Closterium	纤细新月藻	*Closterium gracile*
40	绿藻门	Chlorophyta	双星藻纲	Zygnematophyceae	鼓藻科	Desmidiaceae	角星鼓藻属	Staurastrum	纤细角星鼓藻	*Staurastrum gracile*
41	绿藻门	Chlorophyta	双星藻纲	Zygnematophyceae	鼓藻科	Desmidiaceae	角星鼓藻属	Staurastrum	钝齿角星鼓藻	*Staurastrum crenulatum*
42	绿藻门	Chlorophyta	双星藻纲	Zygnematophyceae	鼓藻科	Desmidiaceae	角星鼓藻属	Staurastrum	浮游角星鼓藻	*Staurastrum planctonicum*
43	绿藻门	Chlorophyta	双星藻纲	Zygnematophyceae	鼓藻科	Desmidiaceae	鼓藻属	Cosmarium	胡瓜鼓藻	*Cosmarium cucumis*
44	绿藻门	Chlorophyta	双星藻纲	Zygnematophyceae	鼓藻科	Desmidiaceae	鼓藻属	Cosmarium	颗粒鼓藻	*Cosmarium granatum*
45	绿藻门	Chlorophyta	双星藻纲	Zygnematophyceae	鼓藻科	Desmidiaceae	鼓藻属	Cosmarium	短鼓藻	*Cosmarium abbreviatum*
46	绿藻门	Chlorophyta	双星藻纲	Zygnematophyceae	鼓藻科	Desmidiaceae	角丝鼓藻属	Desmidium	角丝鼓藻	*Desmidium swartzii*
47	硅藻门	Bacillariophyta	中心纲	Centricae	圆筛藻科	Coscinodiscaceae	直链藻属	Melosira	颗粒直链藻	*Melosira granulata*
48	硅藻门	Bacillariophyta	中心纲	Centricae	圆筛藻科	Coscinodiscaceae	小环藻属	Cyclotella	花环小环藻	*Cyclotella operculata*
49	硅藻门	Bacillariophyta	中心纲	Centricae	管形藻科	Solenicaceae	根管藻属	Rhizosolenia	长刺根管藻	*Rhizosolenia longiseta*
50	硅藻门	Bacillariophyta	中心纲	Centricae	盒形藻科	Biddulphiaceae	四棘藻属	Attheya	扎卡四棘藻	*Attheya zachariasi*
51	硅藻门	Bacillariophyta	羽纹纲	Pennatae	脆杆藻科	Fragilariaceae	等片藻属	Diatoma	普通等片藻	*Diatoma vulgare*
52	硅藻门	Bacillariophyta	羽纹纲	Pennatae	脆杆藻科	Fragilariaceae	脆杆藻属	Fragilaria	连接脆杆藻	*Fragilaria construens*
53	硅藻门	Bacillariophyta	羽纹纲	Pennatae	脆杆藻科	Fragilariaceae	脆杆藻属	Fragilaria	钝脆杆藻	*Fragilaria capucina*
54	硅藻门	Bacillariophyta	羽纹纲	Pennatae	脆杆藻科	Fragilariaceae	针杆藻属	Synedra	尖针杆藻	*Synedra acus*
55	硅藻门	Bacillariophyta	羽纹纲	Pennatae	脆杆藻科	Fragilariaceae	星杆藻属	Asterionella	美丽星杆藻	*Asterionella formosa*
56	硅藻门	Bacillariophyta	羽纹纲	Pennatae	舟形藻科	Naviculaceae	布纹藻属	Gyrosigma	尖布纹藻	*Gyrosigma acuminatum*

续表

序号	中文名	拉丁名	中文名	拉丁名	中文名	拉丁名	中文名	拉丁名	中文名	拉丁名
57	硅藻门	Bacillariophyta	羽纹纲	Pennatae	舟形藻科	Naviculaceae	舟形藻属	Navicula	双球舟形藻	*Navicula amphibola*
58	硅藻门	Bacillariophyta	羽纹纲	Pennatae	舟形藻科	Naviculaceae	舟形藻属	Navicula	隐头舟形藻	*Navicula cryptocephala*
59	硅藻门	Bacillariophyta	羽纹纲	Pennatae	舟形藻科	Naviculaceae	舟形藻属	Navicula	尖头舟形藻	*Navicula cuspidata*
60	硅藻门	Bacillariophyta	羽纹纲	Pennatae	舟形藻科	Naviculaceae	舟形藻属	Navicula	小型舟形藻	*Navicula minuscula*
61	硅藻门	Bacillariophyta	羽纹纲	Pennatae	舟形藻科	Naviculaceae	舟形藻属	Navicula	长圆舟形藻	*Navicula oblonga*
62	硅藻门	Bacillariophyta	羽纹纲	Pennatae	桥弯藻科	Cymbellaceae	桥弯藻属	Cymbella	近缘桥弯藻	*Cymbella affinis*
63	硅藻门	Bacillariophyta	羽纹纲	Pennatae	异极藻科	Gomphonemaceae	异极藻属	Gomphonema	尖顶异极藻	*Gomphonema augur*
64	硅藻门	Bacillariophyta	羽纹纲	Pennatae	双菱藻科	Surirellaceae	双菱藻属	Surirella	端毛双菱藻	*Surirella capronii*
65	蓝藻门	Cyanophyta	蓝藻纲	Cyanophyceae	微囊藻科	Microcystaceae	微囊藻属	Microcystis	假丝微囊藻	*Microcystis pseudofilamentosa*
66	蓝藻门	Cyanophyta	蓝藻纲	Cyanophyceae	微囊藻科	Microcystaceae	微囊藻属	Microcystis	不定微囊藻	*Microcystis incerta*
67	蓝藻门	Cyanophyta	蓝藻纲	Cyanophyceae	微囊藻科	Microcystaceae	微囊藻属	Microcystis	鱼害微囊藻	*Microcystis ichthyoblabe*
68	蓝藻门	Cyanophyta	蓝藻纲	Cyanophyceae	微囊藻科	Microcystaceae	微囊藻属	Microcystis	坚实微囊藻	*Microcystis firma*
69	蓝藻门	Cyanophyta	蓝藻纲	Cyanophyceae	色球藻科	Chroococcaceae	色球藻属	Chroococcus	粘连色球藻	*Chroococcus cohaerens*
70	蓝藻门	Cyanophyta	蓝藻纲	Cyanophyceae	平裂藻科	Merismopediaceae	平裂藻属	Merismopedia	中华平裂藻	*Merismopedia sinica*
71	蓝藻门	Cyanophyta	蓝藻纲	Cyanophyceae	平裂藻科	Merismopediaceae	拟鱼腥藻属	Anabaenopsis	阿氏拟鱼腥藻	*Anabaenopsis arnoldii*
72	蓝藻门	Cyanophyta	蓝藻纲	Cyanophyceae	念珠藻科	Nostocaceae	鱼腥藻属	Anabaena	固氮鱼腥藻	*Anabaena azotica*
73	蓝藻门	Cyanophyta	蓝藻纲	Cyanophyceae	念珠藻科	Nostocaceae	念珠藻属	Nostoc	沼泽念珠藻	*Nostoc paludosum*
74	蓝藻门	Cyanophyta	蓝藻纲	Cyanophyceae	颤藻科	Oscillatoriaceae	螺旋藻属	Spirulina	大螺旋藻	*Spirulina major*
75	蓝藻门	Cyanophyta	蓝藻纲	Cyanophyceae	颤藻科	Oscillatoriaceae	颤藻属	Oscillatoria	断裂颤藻	*Oscillatoria fraca*

续表

序号	中文名	拉丁名	中文名	拉丁名	中文名	拉丁名	中文名	拉丁名	中文名	拉丁名
76	金藻门	Chrysophyta	金藻纲	Chrysophyceae	锥囊藻科	Dinobryonaceae	锥囊藻属	Dinobryon	群聚锥囊藻	*Dinobryon sociale*
77	甲藻门	Dinophyta	甲藻纲	Dinophyceae	多甲藻科	Peridiniaceae	多甲藻属	Peridinium	楯形多甲藻	*Peridinium umbonatum*
78	甲藻门	Dinophyta	甲藻纲	Dinophyceae	角甲藻科	Ceratiaceae	角甲藻属	Ceratium	角甲藻	*Ceratium hirundinella*
79	裸藻门	Euglenophyta	裸藻纲	Euglenophyceae	裸藻科	Euglenaceae	裸藻属	Euglena	绿色裸藻	*Euglena viridis*
80	裸藻门	Euglenophyta	裸藻纲	Euglenophyceae	裸藻科	Euglenaceae	裸藻属	Euglena	鱼形裸藻	*Euglena pisciformis*
81	裸藻门	Euglenophyta	裸藻纲	Euglenophyceae	裸藻科	Euglenaceae	裸藻属	Euglena	易变裸藻	*Euglena mutabilis*
82	裸藻门	Euglenophyta	裸藻纲	Euglenophyceae	裸藻科	Euglenaceae	裸藻属	Euglena	梭形裸藻	*Euglena acus*
83	裸藻门	Euglenophyta	裸藻纲	Euglenophyceae	裸藻科	Euglenaceae	裸藻属	Euglena	尖尾裸藻	*Euglena oxyuris*
84	裸藻门	Euglenophyta	裸藻纲	Euglenophyceae	裸藻科	Euglenaceae	扁裸藻属	Phacus	爪形扁裸藻	*Phacus onyx*
85	裸藻门	Euglenophyta	裸藻纲	Euglenophyceae	裸藻科	Euglenaceae	扁裸藻属	Phacus	扭曲扁裸藻	*Phacus tortus*
86	裸藻门	Euglenophyta	裸藻纲	Euglenophyceae	裸藻科	Euglenaceae	扁裸藻属	Phacus	宽扁裸藻	*Phacus pleuronectes*
87	裸藻门	Euglenophyta	裸藻纲	Euglenophyceae	裸藻科	Euglenaceae	扁裸藻属	Phacus	长尾扁裸藻	*Phacus longicauda*
88	裸藻门	Euglenophyta	裸藻纲	Euglenophyceae	裸藻科	Euglenaceae	囊裸藻属	Trachelomonas	旋转囊裸藻	*Trachelomonas volvocina*
89	隐藻门	Cryptophyta	隐藻纲	Cryptophyceae	隐鞭藻科	Cryptomonadaceae	隐藻属	Cryptomonas	卵形隐藻	*Cryptomonas ovata*

中文名索引

---

①为充分尊重前辈学者的学术贡献并确保现有研究成果的延续性，本书在梳理文献、理解既有藻类分类框架的基础上，对该同名问题暂作保留，其确切分类地位有待后续研究厘清。

拉丁名索引

江西鄱阳湖国家级自然保护区
简 介

江西鄱阳湖国家级自然保护区（下文简称"鄱阳湖保护区"）地跨九江市的永修县、庐山市和南昌市的新建区，地理坐标为北纬29°02′～29°19′、东经115°54′～116°12′，位于江西省北部、鄱阳湖的西北角。鄱阳湖保护区的辖区包括大汊湖（85km²）、蚌湖（73km²）、大湖池（30km²）、沙湖（14km²）、常湖池（7km²）、中湖池（6km²）、象湖（4km²）、梅西湖（3km²）和朱市湖（2km²）9个子湖泊。

鄱阳湖保护区蕴藏着大量的动植物资源，生物多样性丰富，据统计资料，共有高等植物602种（含变种）、哺乳类31种、鸟类391种、两栖类13种、爬行类49种、鱼类122种、浮游动物234种、底栖动物47种、浮游植物89种、昆虫226种。

南昌大学循环经济产业丰城研究院
简 介

南昌大学循环经济产业丰城研究院成立于2022年1月，是专门从事技术转移、科技成果转化及人才交流等的高科技服务机构。研究院将实验室建在"产业链、技术链、创新链"上，三链结合促进全产业链科技成果转化。

"江西鄱阳湖国家级自然保护区管理局浮游生物监测"项目是研究院在藻类全产业链上与江西鄱阳湖国家级自然保护区管理局合作项目。通过项目调查分析：鄱阳湖浮游植物种类数显著降低，从319种减少至97种，降幅达69.59%；保护区记录到藻类57属89种，其中绿藻门29属46种、硅藻门13属18种、蓝藻门8属11种、金藻门1属1种、甲藻门2属2种、裸藻门3属10种、隐藻门1属1种。

鄱阳湖环境与资源利用教育部重点实验室是经教育部批准、依托南昌大学建设的国家级科研平台，聚焦鄱阳湖流域生态环境保护与资源可持续利用领域的重大科学问题。实验室以构建"湖泊－流域"系统研究体系为核心，围绕水资源安全保障、生态环境演变与修复、生物多样性保护、资源代谢与绿色利用四大主攻方向，开展多学科交叉融合创新研究。实验室汇聚优势科研力量，近年在国际权威期刊发表SCI论文159篇，出版学术专著9部，制定地方标准2项，申请发明专利65项（已授权40项）。实验室深度参与"鄱阳湖水利枢纽工程环境影响评价"等重大生态工程，为鄱阳湖生态经济区建设和长江经济带绿色发展提供持续科技支撑。

江西鄱阳湖湿地生态系统国家定位观测研究站是国家林业和草原科技创新平台，由江西鄱阳湖国家级自然保护区管理局承建，南昌大学提供技术支撑。研究站聚焦湿地水文－生态耦合机制、生态修复技术研发、生物多样性保护等前沿领域，系统揭示水位变化驱动下的生态演变规律。研究成果有力支撑了《江西省湿地保护条例》等政策制定，为鄱阳湖生态保护和国家生态文明试验区建设提供科学支撑，在长江经济带生态屏障构建中发挥重要智库作用。